鸟有什么好看的

〔日〕川上和人 著

曹逸冰 译

南海出版公司

新经典文化股份有限公司
www.readinglife.com
出品

目录

前言 能交到一百个朋友吗 [①]

吃饭团的时候，我经常感到震惊。饭团里居然有梅干！梅子是如假包换的水果，跟杏子、桃子是一家。竟然有人用盐腌制水果，还用它配米饭？荒唐也得有个限度啊。本人在此郑重承诺，如果我有朝一日当了首相，一定要让国会通过《水果不可侵犯法案》，封杀梅干，保护水果的基本权益。顺便把菠萝踢出咕咾肉。

我一边跟饭团瞎聊，一边坐着船前往小笠原诸岛，全程二十四小时。这就是我的工作。

当然，我不是饭团铺子的接班人，而是一名鸟类学家。

大家身边有没有鸟类学家朋友呢？大多数人的答案应该是

① 出自日本童谣《等我上了一年级》的歌词："等我上了一年级，能交到一百个朋友吗？"——如无特殊说明，本书注释均为编译者所加

"NO"吧。原因有两方面：一是鸟类学家都比较内向，不擅长交朋友；二是鸟类学家本来就很少。

日本鸟类学会约有一千两百名会员。《日本艺人名录》收录的艺人和模特却有一万一千人。就算学会的会员全都是鸟类学家，也比艺人稀有得多。假设日本的总人口是一亿两千万，那十万人里才有一个鸟类学家。换句话说，你得交十万个朋友，才有机会跟鸟类学家发展出友谊。

在生物学里，鸟类学算是一个相对人畜无害的领域。昆虫中有害虫，会对农林业造成巨大的经济损失；哺乳动物也好不到哪儿去，鹿和野猪会危害农林，熊会伤人，老鼠则会引发卫生危机……有待解决的问题不胜枚举；鱼类的情况正相反，它们拥有出众的食用价值。

涉及实际利益的生物总有更大的社会需求，无论生物本身带来的是正面作用还是负面作用，人们都对学术研究的应用抱有更大的期待。可是鸟类呢？它们也是动物，翻垃圾的乌鸦、乱抓鱼的鸬鹚也的确带来了问题，但不得不说，鸟类学的整体规模还是很小的。

需求小，就业机会自然就少。鸟类学会的会员只有一两成是职业学者。鸟类学家就是这样稀有。

不过利益和兴趣是两回事。毋庸置疑，鸟类对大多数人有

着强烈的吸引力。面向儿童的图鉴系列里绝对会有"鸟类篇"。妖怪手表和哆啦A梦够火，可图鉴里不会有"妖怪篇"和"机器猫篇"。鸟赢了！

色彩鲜艳的鸟类也是自然类节目的宠儿。飞来一只天鹅都能登上报纸的社会版。天鹅身上的颜色就那么点，黑白照片绝对够用，报社却偏要用彩色照片。

鸟跟钱无关，但喜欢鸟的人不少。无缘无故讨厌鸟的读者应该也没几个。从这个角度看，鸟的社会地位可比毛毛虫、鼻涕虫、裸鼹鼠什么的高多了。请允许我代表鸟类骄傲一下。

鸟类的特征在于它们的翅膀。长久以来，翅膀既是自由的象征，也是憧憬与畏惧的对象。难怪大天使米迦勒背上长的不是象征邪恶的蝙蝠翅膀。迦陵频伽①也好，天马也好，海妖塞壬②也好，都拥有鸟的翅膀。要是换成独角仙的翅膀或者飞鱼的鳍，那就太不搭调了。

也许鸟类无法在经济学家之间引起轰动，但它们始终影响着人类的文化，一直是人类仰慕的对象。日本自古以来就有"花鸟画"这种专门刻画自然的艺术形式。歌川广重、葛饰北斋、伊藤若冲等名家也留下了众多传世佳作。

---

① 佛教中的一种神鸟，其声美妙动听，婉转如歌。
② 希腊神话中人首鸟身的怪物，拥有天籁般的歌喉，常用歌声诱惑航海者而使航船触礁沉没。

当然，以哺乳动物或昆虫为题材的花鸟画也是有的。但是花鸟画终究是花"鸟"画，而不是花兽画或者花虫画。日本人钟爱大自然，而鸟类才是大自然的代言人。正在看这本书的绅士淑女们，你们身上也流淌着同样的血液。你们绝对也是喜欢鸟的。

无论让你心动的是异性还是鸟类，憧憬总能激发求知欲。埋头研究异性的人会沦为"跟踪狂"被警方逮捕，对鸟类的兴趣却能发展成一门学问。亚里士多德考察过鸟类的生态，伊邪那岐和伊邪那美受了鹡鸰的启发才生下了八岛①。瞧瞧，鸟类是一种多么有来历的动物啊。

可是鸟类学的研究成果却不太为人知，这样如何对得起人类缔造的璀璨文化？恐怕普通人听说过的鸟类学家就只有詹姆斯·邦德了吧。大家只知道英国情报部门的邦德，殊不知他的名字就是取自鸟类学家②。堂堂鸟类学家，知名度还比不上一个行踪隐秘的间谍，这还得了？对英国情报部门来说，自家间谍太出名也是个要命的问题。

---

① 日本古代神话的父神和母神，相传构成日本的原始领土由二神结合而生。
② 鸟类学家詹姆斯·邦德，1900 年生于美国费城，著有《西印度群岛的鸟类》等学术著作。《007》系列作者伊恩·弗莱明正是用他的名字为自己小说的主人公取名。

不实用的学问之所以存在是因为人类有求知欲。绳文人①制作的土偶也好，火星人搞的破坏也罢，都不会对道琼斯指数②产生丝毫影响。可即便如此，人类还是在拼命探索土偶和火星人的动向。

但光有好奇心，却没有合适的入门指南，别说"推开兴趣之门"，你压根儿察觉不到门的存在。对诸位读者来说，没有鸟类学家朋友可亏大了。于是我决定，代替邦德，出任鸟类学家的代表，自作主张弥补大家的损失。

所以从今天开始，我就是你的朋友了。我知道你没有义务听素未谋面的中年绅士唠叨，但是用心听朋友说话，是绅士淑女应有的礼数。

希望大家能耐着性子听我讲讲鸟类的故事，在这段短暂的旅程中与我共同品味鸟类学的乐趣。

---

① 旧石器时代后期生活在日本列岛的原住民。
② 世界上历史最久、使用最广、影响最大的股价指数，全称为股票价格平均指数，最早在 1884 年由道琼斯公司创始人查尔斯·亨利·道编制。

第一章　每年春季和初夏都要开放的花圃

1 找不到特地飞行的理由

笠原绣眼鸟（东京特有物种）

有本事就飞飞看呗

在暖桌里蜷成一团，在遛弯的时候撞到棍子，都不是什么难事[①]。吃完饭打个瞌睡更是小菜一碟。慢着，饭都吃完了，哪还有什么小菜，说成"轻而易举"还差不多。总而言之，哺乳动物的一举一动还是可以模仿的。当然，蝙蝠和鲸鱼是哺乳动物里的异端分子，就不把它们算进去了。可鸟类却不好模仿。人类不会飞，鸟类的行为超出了我们能切身体验的范畴，是一个完全未知的领域。"飞翔"这种行为，正是鸟类最大的特征与魅力所在。

---

① 前半句指猫，后半句出自俗语"狗出去走走也会撞到棍子"，有"多管闲事惹祸"和"常在外面走会交好运"两种解释。这里是想表达，人类模仿诸如猫狗等哺乳动物的行动，并不是难事。

麻雀非常弱小，甚至会被老奶奶剪掉舌头①。可它们却能进行五百公里以上的长途飞行。这也是鸟类特有的飞翔能力使然。这个距离看似短，"希望号"新干线两个半小时就能到，但麻雀的体重才二十克啊！我的体重几乎是它们的三千倍。按这个比例算，麻雀飞五百公里，相当于人移动了一百五十万公里，可以说是非常远了，足够往返月球两次，路上买盒饭吃的钱都能让人破产。有一种叫北极燕鸥的海鸟更夸张，它们每年在北极圈繁衍，却要去南极圈过冬，别提有多拼了。而且它们的飞行路径是弯弯曲曲的，一个往返足足要飞八万公里。北极燕鸥的体重约为一百克，换算成我的话，就是一年移动四千八百万公里。要是运气好，碰上火星离地球最近的时候，大概一年零两个月就能登陆了。

鸟儿飞得太轻松，以至于我们很难切实体会到它们的能耐。然而和人类一样，鸟类也受重力的控制，所以反重力的飞翔负担绝对很大。但实际上，从伊卡洛斯②到天空之城，人类虽在重力面前无数次败北，鸟类却是连战连捷，让人无比佩服。不过鸟类的成功绝非一朝一夕之功，它们耗费了大约一亿五千万年，逐渐进化出了适合飞翔的体态与动作。飞行效率差的个体找不

①指日本传说《舌切雀》，故事中的麻雀被贪心的老奶奶剪去了舌头。
②希腊神话中代达罗斯的儿子，与代达罗斯使用蜡和羽毛造的翼逃离克里特岛时，他因飞得太高，双翼上的蜡被太阳融化跌落水中丧生。

到食物，容易被捕食，也得不到异性的青睐。只有形态特征更出众的个体才能存活下来，飞翔水平也随之不断提升。

言归正传，我的主要调查地是东京都的离岛——小笠原诸岛。它和本州岛之间隔了一千公里的汪洋大海，是如假包换的远海孤岛。除了蝙蝠，岛上没有自然分布的哺乳动物。为什么呢？因为小笠原诸岛是海洋岛。所谓海洋岛，就是在海洋板块上自行生成的孤岛。由于在海里诞生，对那些没有越洋能力的动物来说，海洋岛就成了无法企及的神秘国度。夏威夷和加拉帕戈斯也是海洋岛。而位于大陆架上，和大陆相连的岛屿被称为大陆岛，好比本州和冲绳。

陆地上的哺乳动物不擅游泳，基本不会分布在海洋岛上。会在夏天跑到海边玩水的也只有人类了。毕竟野生动物平时就是裸着的，没有必要特意跑去看泳装美女啊。冲绳岛上有自然分布的长毛鼠、奄美刺鼠等哺乳动物，但它们应该不是渡海上岛的，而是在岛屿和大陆相连的时代走陆路过去的。

鸟类却在与哺乳动物无缘的海洋岛上从容地扩大版图。夏威夷、加拉帕戈斯、小笠原……就算是位于汪洋中央的孤岛，也几乎都有鸟类繁衍生息。只要动用"飞翔"这种特殊能力，海就不是无法越过的高墙。

有空位就歇着呗

这次，我们的主角是小笠原诸岛的"笠原绣眼鸟"，日语读作"目黑"。当然不是被川崎收购的目黑摩托车，而是绣眼鸟科的一种小鸟。小笠原诸岛有四种留下记录的原生鸟：小笠原杂色林鸽、启利氏地鸫、笠原腊嘴雀和笠原绣眼鸟。前三种已经灭绝了，只有笠原绣眼鸟活到了今天。小笠原诸岛行政上属于东京都，所以笠原绣眼鸟是东京的特有物种。身为日本人，记住"首都有一种原生鸟类"，并没有什么坏处。

笠原绣眼鸟比暗绿绣眼鸟大一圈，身体呈黄色。也许有读者会纳闷，鸟又不是靠红眼卖萌的小兔子，黑色的眼珠不是很正常吗？怎么偏偏起了"目黑"这种毫无个性可言的名字呢？其实名字的由来不在眼球，而是因为笠原绣眼鸟的眼周有黑色的花纹。想象一只长着翅膀和鸟嘴、跟手掌一般大的黄色熊猫，就差不离了。

虽说会飞是鸟类的特征，但也不是每种鸟都能飞长途，比如雉科和啄木鸟科的鸟。所以，它们只分布在大陆及其周边的岛屿上，远海孤岛上是没有的。正是因为有这些鸟，远海孤岛上的鸟类品种非常有限。比如东京的高尾山栖息着大约五十种陆鸟，小笠原诸岛的本地陆鸟却只有十五种。绣眼鸟科的鸟连小笠原诸岛这么远的海洋岛都能飞到，可见它们是"长跑运动员"。

小笠原诸岛没有狐狸，没有雉鸡，也没有啄木鸟。由于没有掠食者出没，笠原绣眼鸟经常在地面上走来走去。而且这里不存在竞争对手，所以它们会大摇大摆地停在树干上吃虫子。这种鸟会利用各种场所觅食，昆虫、果实、花蜜甚至壁虎都是它们的盘中餐。

　　对生物来说，空间与食物都是极其重要的资源。生活在岛上，就要不断扩大资源的利用程度。笠原绣眼鸟广泛利用各类资源，正是它们在"岛屿"这一掠食者与竞争者较少的特殊环境下进化的表现。

　　再看看本州岛的鸟类，它们各占空间，互不干扰。树冠归大山雀，树干归啄木鸟，地面归斑鸫，灌木丛归日本树莺……在拥挤的车厢里，每个人能使用的空间是有限的，侵犯别人的领域得不到任何好处，只会换来一堆白眼，徒增尴尬，就是这个道理。可要是车厢里空荡荡的，把鞋一脱，往长椅上一躺，岂不美哉？这就是本州岛与小笠原诸岛在生态系统层面的差异。

没必要就拉倒呗

　　笠原绣眼鸟目前只栖息在小笠原诸岛的母岛列岛。母岛列岛以"母岛"为中心，姐岛、妹岛、侄岛、向岛、平岛等岛屿分布在周围。说白了就是母系家族加上街坊邻居和空地。岛屿

之间的距离最多不过六公里左右。但是，只有母岛、向岛和妹岛才有笠原绣眼鸟。每个岛的环境都同样适合鸟类居住，为什么有的岛有，有的岛却没有呢？太不可思议了，就跟世上有些男人桃花运不断，有些却没有姑娘搭理似的。于是，我决定研究一下笠原绣眼鸟的分布之谜。

我讨厌验血，却不讨厌验鸟的血。反正是别人受苦，再痛也能忍。于是，我着手采集笠原绣眼鸟的血液，分析它们的DNA。小鸟的血管太细了，所以我得用注射针轻戳它们的皮肤，让静脉破个小口子，再用细细的玻璃管吸取渗出来的血液。我当了把大反派，采集了一百三十二只受惊小鸟的血液，埋头分析。呃，其实分析工作是心灵手巧、心胸宽广的同事做的，但他们的功劳也是我的功劳。所谓"合作"，就是把自己不擅长的工作推给别人。

科研内幕就爆到这儿吧。DNA分析结果显示，每座岛上的笠原绣眼鸟都有各自的遗传模型。如果个体会在岛屿之间移动，那么每座岛上鸟的遗传模型应该差不多才对，不可能出现各不相同的情况。也就是说，笠原绣眼鸟连五公里的海都飞不过去。才五公里啊，只是兔子忽悠鲨鱼搭桥渡海的距离而已①。不止如此，别说跨海，有些区域明明有陆地相连，可这些个体与三公

---

① 根据《古事记》"因幡白兔"，一只白兔从淤岐岛渡到因幡国，欺骗海里的鲨鱼搭桥帮它上岸，却在关键时刻说漏嘴，被最后一条鲨鱼剥光了皮。

里之外的个体也甚少交流。也就是说，笠原绣眼鸟即使在陆地上也懒得移动。

但不争的是，这种鸟的确分布在隔海相望的三座岛上。原因大概和冰河期有关。一万八千多年前，维尔姆冰期到达寒冷的巅峰。全球冰川总量一旦增加，海水就会相应变少，海平面也会下降。据推测，当年的海平面比现在要低一百多米，母岛列岛之间是相互连着的。后来气温回暖，海平面上升，相连的陆地才被分割成若干小岛。这时，每座岛上应该都有笠原绣眼鸟。

但在小小的海岛上，接二连三的巧合、暂时性的气候变化，都有可能造成物种的灭绝。一座岛上的笠原绣眼鸟灭绝了，却没有新的个体上岛……久而久之，就造成了今天不连续分布的局面。比起环境，被大海隔离才是这些岛屿失去笠原绣眼鸟的更关键的原因。这是连"单身狗"看了也会沮丧的结果，看来先创造邂逅异性的机会才是当务之急。

和笠原绣眼鸟血缘最近的物种是塞班岛的金绣眼鸟。也就是说，笠原绣眼鸟的祖先是从一千三百公里开外的南方一路飞来的。可惜它们的后代已经完全变成了"家里蹲"。经过长途跋涉，生物的移动能力在抵达岛屿后往往会降低不少，这也是岛屿生物的一大特征。反过来说，正因为它们"放弃"了移动，才会变成某地的"特有物种"。

在四周环海的孤岛上，轻举妄动很有可能带来灭顶之灾。

热带与亚热带气候温暖宜人，不需移动，也能在占尽地利的故乡过得如鱼得水。大洋彼岸未必有适合生存的环境，"移动"无异于拼上性命的豪赌。加上飞翔本就是一种与重力相抗衡的高成本行为，如果没有飞翔的必要，鸟类便自然会越来越倾向"不飞"。

鸟类的确有在空中自由翱翔的能力。但是要不要行使这种能力，全在它们的一念之间。每次上岛，我都不由得思考飞翔的意义。去东京游玩的时候，顺便去小笠原诸岛瞧瞧笠原绣眼鸟吧，你一定能透过它们看到进化的历史。

是时候换届了

我要再强调一遍：笠原绣眼鸟是东京的特有物种。而且，东京特有的鸟类就这一种。换句话说，笠原绣眼鸟是最能代表东京的鸟。

问题是，代表东京的"都鸟"居然不是笠原绣眼鸟！一九六五年，政府搞过一场都鸟大选，让广大都民寄明信片投票。候选鸟有十种，包括暗绿绣眼鸟和云雀。最后，拿到第一名的是红嘴鸥。东京都鸟兽审议会经过磋商，正式批准红嘴鸥为都鸟。在《伊势物语》等古代文学作品中，红嘴鸥常以"都鸟"的名字登场，所以人们觉得它很适合做首都的代表吧。

可是这场选举的总票数是三千二百四十二票，红嘴鸥只得到了其中的五百七十九票。东京的人口上千万，这么算下来，红嘴鸥只靠着不到百分之零点零一的支持率便当上了都鸟。最要命的是，这种鸟平时在亚欧大陆北部繁衍生息，只是来东京过个冬而已，是不折不扣的"过客"。让一群因为繁殖地太冷，就躲过来享受寒假的窝囊废"外人"当东京的代表，真是岂有此理，这跟选克拉克·肯特①当人类代表有什么区别。

其实，笠原绣眼鸟没被选上是有历史原因的：二战后，小笠原诸岛和冲绳长期在美军的控制之下。在都鸟大选的三年后，也就是一九六八年，主权才正式回归日本。所以我们也可以说，红嘴鸥的当选是头号"候选人"缺席的结果。

都鸟大选已经是五十多年前的事情了。都知事②的任期也不过四年而已，是时候让红嘴鸥退位了。我要代表千万都民，向都知事大胆进言：时机已到！即刻将笠原绣眼鸟指定为都鸟才是大势所趋！

你问我是哪儿的人？我是茨城县民啊，有什么意见吗？

---

① 美国漫画角色"超人"在地球的名字。
② 东京都知事，东京行政执行官。

2 喷一喷火，地就坚固了

西之岛上的褐鲣鸟

1Q73

石油危机、山口百惠出道……这一年发生了许多令人难忘的事情。我也是在这一年出生。当时我还在襁褓中，根本不记事。既然不记事，那自然就不存在"忘记"的问题了。

一九七三年是第二波婴儿潮的巅峰，全年共诞生了二百零九万个孩子。也是在这一年，一个重量远超所有新生儿体重总和的东西横空出世——它就是"西之岛新岛"。西之岛最近刚喷发过，一度成为焦点话题，其实它在一九七三年也喷发过。

海底火山的喷发、珊瑚礁的隆起、天沼矛①的搅拌……岛屿的成因形形色色，只是亲眼见证的机会千载难逢，能碰上这种

———————————

① 日本神话中用来创造第一块大地的矛。

良机，实属万幸。

西之岛是小笠原诸岛中的一座无人岛，位于本州南侧，距离本州约一千公里。一七〇二年，来自西班牙的"玫瑰念珠号"发现了它，它也得名"玫瑰念珠岛"——玫瑰念珠是天主教徒的祈祷器具。漂浮在茫漠大海中的小岛也有生物繁衍生息，当年，也许就是这番景象让船员们感受到了上帝的伟大。

一八〇一年，英国军舰"鹦鹉螺号"上的船员们给这座小岛取了个新名字：失望岛。岛上既没有森林，也没有淡水，船员们品尝到的更多是失望而非希望。据说十九世纪的欧洲船员也管西之岛叫"隐形岛"。毕竟它的海拔只有二十五米，地势平坦，特别难找。这几个名字都十分耐人寻味，令人遐想联翩。

可它的日本名字居然叫"西之岛"。

要是有初中生给作文起这么个索然无味的标题，怕是会被美女老师一通教育。我虽不讨厌美女的教诲，可还是希望起名字时能多用点心思。有"祈祷""失望"和"消失"之类的名字珠玉在前，怎么着也该是"涅槃岛""轮回岛"这个级别的吧。

拜毫无个性的名字所赐，西之岛一直默默无闻。可是在一九七三年六月，这座小岛受到了媒体的高度关注。在离它大约五百米的地方，有一座海底火山喷发了，一座新的海岛就此诞生。同年十二月，新海岛被命名为"西之岛新岛"——也是

个敷衍至极的名字。

谁知名字好像起早了——因为新岛在第二年六月就没有了。别误会，它并没有沉入海中，而是"长"得太快，跟西之岛合为一体了。一座岛不需要两个名字，"新岛"这个名字只得无奈地走下历史舞台，新岛本身也归入西之岛。

现在的西之岛由旧岛、火山喷发形成的新岛和布满沙砾、将两者串联起来的海滩组成。虽然新岛已经不是独立的岛屿了，但为了方便起见，我姑且还是把在一九七三年因熔岩形成的那一部分称作"新岛"好了。

这下轮到生物学家出场了。

火山喷发前，人们只在岛上发现了三种植物。也就是说，岛上的生态系统非常简单。突然，一块新的陆地加了进来，于是这座岛屿成了"新生岛屿"的典型。只要跟踪调查这里发生的变化，就能搞清岛屿生物相的形成过程。这是广受生物学家关注的研究课题之一，更是千载难逢的机会。

我在一九九五年第一次踏上了西之岛。从周边的有人岛出发，在颠簸的渔船里坐上整整八个小时，下了船还得再游五分钟。岛屿表面净是凹凸不平的石块。植被也很贫瘠，乍一看跟火星似的（虽然我没去过火星）。受亚热带阳光炙烤的影响，小岛直令人联想到在烧灼的炒锅里翻滚的青椒肉丝。连块像样的树荫都找不到，一不留神就要热上西天了。好一座"失望岛"！

然而，这样一座小岛却成了海鸟的天堂。我一上岛便看见无数海鸟在空中盘旋，热烈欢迎我的到来。当然，它们并不是真的欢迎我，只是起了戒心罢了。但总而言之，这里是国内首屈一指的海鸟繁殖地。海鸟的食物来自海里，陆地上只要有足够筑巢的空间就行。再加上海岛环境严苛，压根儿没有天敌，于是几千只海鸟就在这座"海上乐园"定居。目前，人们已经有了十一种海鸟的繁殖记录。

在观察岛上的大量鸟巢时，我发现了一种奇怪的建材——照理说，鸟会用植物的茎和枝条做窝，可岛上的鸟巢里掺杂着一些雪白的小棍子。定睛一看，居然是鸟骨！这是植被贫乏、建材短缺的海岛特有的光景。死亡孕育了新的生命，还是改叫"轮回岛"吧。

新岛还没有植物，也没有海鸟。不过植物已经从旧岛的边缘慢慢长了过来。海鸟的巢也跟植物一起开拓着阵地，稳步进军新天地。

二〇〇四年，我回到了阔别十年的西之岛，发现植物已经长到了新岛的边缘，品种也上升到了六种。生物相依然贫乏，但岛上的环境的确在稳步变化。

我的生日是一九七三年四月十一日，而人们第一次捕捉到新岛的火山活动是在四月十二日。这么看来，我跟新岛不仅同

龄，搞不好还是阿斯特罗双生子^①呢。一九七三年出生的我在调查一九七三年诞生的新岛，我总觉得这不是个单纯的巧合。

离绝望最近的岛屿

一眨眼的工夫，又过了十年。我心想，是时候再去调查一次了。不料在二〇一三年十一月，一条爆炸性新闻传来：西之岛附近的海底火山喷发了，海面上形成了一座新的岛屿。我顿时产生了不祥的预感。

新海岛诞生于西之岛的东南侧，我还盼着它被命名为"东南西之岛"呢，多前卫啊。谁知不断涌出的岩浆让小岛越长越大，同年十二月，小岛又跟西之岛接上了。到了二〇一四年九月，我的亲密盟友新岛已被熔岩完全吞没，"享年"四十一岁，和天才傻瓜^②的爸爸一样大。我只能在心中暗暗哀悼这位不幸离世的"朋友"。

做研究的人偶尔会碰到"调查地意外消亡"的情况。我有过调查地因为烧荒化作灰烬的经历。我的一位朋友更夸张，遇上山崖塌陷，调查地直接掉水里了。而这一次，我们眼睁睁看着解开海岛生物相之谜的研究计划一点点被熔岩吞没。大凤头

① 指同年同月同日出生，但父母不同的人。
② 日本漫画家赤冢不二夫作品中的主人公。

燕鸥在日本只有两处繁殖地，其中之一已荡然无存。全世界最恨这场喷发的人恐怕就是我了。

但海上保安厅的航拍照片显示，熔岩旁边的植物依然青葱繁茂。这说明熔岩散发的有毒气体比较少。换言之，这场喷发对生物的影响仅限于熔岩与火山渣带来的物理影响。既然如此，海鸟受到的影响应该也是微乎其微的。虽然火山还在喷发，但它们也许还留在繁殖地。海鸟会在天灾来临时做出怎样的反应？这也是一个很有意思，却不太有机会调查的课题。为了发泄痛失调查地的怨气，我非常想赶过去亲眼瞧一瞧。

无奈喷发时间大大超出了人们的预想，以至于政府划定了以西之岛为中心的六公里警戒圈，无关人等不得擅自靠近。这也说明了状况的危险。天地良心，我的研究没有"拼命"的价值，而且我本就是个爱逛文具店的室内派。在这种情况下，我根本没有办法开展实地调查啊。

恐惧战胜了好奇心，于是拖拖拉拉到了二〇一四年。NHK电视台找上门来，说他们准备赶去现场，用无人机拍摄海面的情况，留作喷发的记录，并且邀请我一起去。妙极，人身安全有保障了！本安乐椅科学家顿时心动。柳暗花明又一村，谢天谢地！

去吧，去吧，到火山去

十二月初，终于迎来了拍摄日。无人机由新潟的航拍公司 Air Photo Service 的专家操控，东日本大地震发生后的核电站航拍画面就出自他们之手。计划是让无人机从小笠原诸岛的有人岛"父岛"出发，初始飞行高度八百米，靠 GPS 的指引飞越一百三十公里的汪洋，自动完成空中拍摄后返航。机体全长两米，重二十五千克，采用双缸发动机，时速可达一百二十公里。

无人机在工作人员的目送下消失在西方的天际，两个半小时后如期返航。我们卸下相机，回放录像。拒绝活物靠近的火山岛终于要露出真面目了。我的任务是确认海鸟们是否平安。

先飞到六百米高，观望一下。喷发已经持续了足足一年，熔岩却还是源源不断地喷涌而出。烟云能飘到无人机附近的高度，轻型车那么大的火山渣满天飞。还好我没逞匹夫之勇贸然上岛……

录像中的喷发是如此强劲，仿佛恐龙时代再现。旧岛原有的乐土只剩下大约两万平方米了。我都快死心了，火山喷成这样，岛上大概已经没有海鸟了。但无人机只是带回了岛上的实况，不能凭这些画面确定海鸟的状态。为了达成目的，得让无人机飞得更近一些才行。

航拍团队当机立断：

"好，那就再飞低些！"

简直是《Project X 挑战者们》^① 般的剧情。

再次返航的无人机只能用"满目疮痍"来形容：零件脱落，木质螺旋桨开裂……难为它还没坠毁。说不定是半路遇到了海妖塞壬，吃了一招必杀技。虽然无法排除这种可能性，但是"飞得更低受到了喷发的影响"才是更为合理的解释。悬是真的悬，不过这场险冒得值。

无人机在二百米高的位置拍了录像。就在我们回放的时候，航拍团队的一位专家指着海上的某个位置说道：

"这是不是鸟啊？"

天上果真有个沙粒般的小点在飞，只是背景都是白浪，所以不那么明显。不愧是航拍专家，观察力惊人。海岛附近真的有海鸟。我心中顿时燃起希望之火：也许岛上还有海鸟！

我的大脑开始在肾上腺素的海洋中畅游。

"再飞低点吧！"

《地上之星》^②的旋律在耳边回响。第二天的航拍计划就此敲定。"我也想做第一个发现海鸟的人啊！"——当然，我没把这句话说出来。

---

① 《Project X 挑战者们》是日本 NHK 电视台制作的系列纪录片，记录日本战后经济重建的奋斗历程。
② 《Project X 挑战者们》的主题歌，由中岛美雪演唱。

因为我是个懂事的成年人。

无人机第三次踏上征程。飞行高度下降到了一百五十米。受大风影响，返航时间比原计划延迟了几十分钟，所有人捏了一把冷汗。回放录像的时刻终于来临了。被熔岩包围，但表面仍有植物的旧岛近在眼前。就在这时，我清清楚楚看到了飞上云天的海鸟！

鸟类会时刻防范着从上空发动袭击的鹰鹫，所以它们一看到无人机迫近就起了戒心，飞起来了。多亏了这场载人机无法完成的低空拍摄，我们才能收获如此可观的成果。

录像中的海鸟应该是在西之岛繁殖的褐鲣鸟和蓝脸鲣鸟。光镜头捕捉到的就有十多只，实际数量恐怕是这个数字的好几倍吧。而且在日本国内，蓝脸鲣鸟只在西之岛繁殖。没想到有那么多好奇心强烈的鸟留在了这片狭小的土地上，任火山在身边肆虐。

海鸟有出类拔萃的飞行能力。顺风的话，一天飞上几百公里也不在话下。所以，西之岛的海鸟完全有能力躲去其他海岛，可它们偏偏留下了。这里是成功繁衍过后代的地方，条件有保障。贸然搬家不一定能找到条件合适的去处。执着于"有过成功经验的地方"，正是它们提升繁殖成功率的手段。虽然留下的风险很大，但是在海鸟的心目中，这座岛屿终究是无可替代的家园。

面对火山喷发这样可怕的天灾，海鸟们却毅然留守。它们

顽强生存的模样真让我有些感动。

这之后不久，海上保安厅公布了在二〇一四年十二月二十五日航拍的照片。熔岩进一步逼近，旧岛只剩一万平方米。这下海鸟们怕是真的待不下去了。

可是仔细查看照片之后，我发现熔岩上有三个白点。虽然不敢断定是蓝脸鲣鸟，但也不能排除这种可能性。也许真的有海鸟留在那仅剩的一万平方米土地上。既然如此，就请你们坚守到最后一兵一卒吧。反正鸟巢那么小，一平方米应该就能摆下了。

当然，由于拍摄时间特殊，照片上的也有可能是圣诞老人。如果真是圣诞老人，倒也是个大发现。为了核实这些猜测，我们也有必要继续开展调查。被重置的西之岛将再一次历经漫长的岁月，构筑起新的生物相。也许这个过程要耗费数百年，希望我能有幸见证。科学建立在脚踏实地的调查上。这次喷发绝非西之岛的结局，而是一个全新的开始。

好嘞，那就先从轮回转世的研究开始吧！

3 最近看树莺不顺眼

长喙树莺（左）与亚种树莺（右）

拟声词

我跟日本树莺的关系不太好。

先扯两句题外话。大家知道"苏拉苏拉"和"皮卡皮卡"分别是什么意思吗^①？前者形容的不是野比大雄吃完翻译魔芋^②后飙升的阅读能力，后者形容的也不是大叔们的秃头。其实啊，这两个词是红脚鲣鸟（Sula sula）和喜鹊（Pica pica）的学名。

名字是识别他人的符号。如果你不知道胖虎和小夫这两个名字，那他们也不过是过路的群众演员而已。只有知道了名字，

① 在日语中，前者的意思是流利、顺畅（surasura），后者是闪闪发亮、光溜溜（pikapika）。

② 藤子·F·不二雄作品《哆啦A梦》中的道具，吃下之后可以听懂任何语言，也可以与使用任何语言的人交流。

才能认识到他们的存在，客观地审视他们。无名的对象很难捉摸，有的让人提不起兴致，有的让人感到不适。正因如此，古代的武士才会动不动就问人家姓甚名谁，自己则一边摆好姿势一边报上家门。要想正确理解世界，"命名"是最单纯也最有必要的方法。

跟野生动物打交道也是一样。要是沼泽里突然爬出一只叫不出名字的动物，那多吓人啊。可如果知道对方是"河童"，就没什么好怕的了。所以长久以来，人们都在用各自的语言命名野生动物，日本人用日语，火星人用火星语。然而，随着国际化程度的加深，"全球通用的名字"愈发必要，基于拉丁语的"学名"应运而生。既然讲到了学名，那就不得不提十八世纪的瑞典植物学家林奈创立的双名命名法[①]了。

"人"的学名是 Homo sapiens。Homo 是属名，sapiens 是种加词，两个单词的组合只代表"人"这一物种，绝不可能是别的。Homo neanderthalensis 就不是"人"，而是同样被划分在"人属"里的近缘种，尼安德特人。

喜鹊是 pica 属（喜鹊属）的喜鹊（pica），红脚鲣鸟是 sula 属（鲣鸟属）的鲣鸟（sula）。它们的属名和种加词刚好相同，于是便有了这两个挺有趣的学名。

---

① 又称二名法，用两个拉丁语词构成生物的学名，第一个词为属名，第二个词为种名。

同一物种，分布在不同区域会有不同的特征，但差异没有大到要另立一个"种"——遇到这种情况，就需要把"种"进一步细分为"亚种"。亚种的学名写法是在种加词后面再加一个词，以便明确是栖息在哪个区域的群体。比如"Sula sula sula"是分布在加勒比海和大西洋的红脚鲣鸟亚种，而"Pica pica pica"是分布在英国到东欧的喜鹊亚种。日本常见的喜鹊是名叫"Pica pica sericea"的亚种，也就是喜鹊普通亚种。

我们把种加词和亚种名相同的亚种，比如 Pica pica pica，称为"指名亚种"。指名亚种既是定义该种的标准亚种，也是分类学层面上的参考标准。以生活在非洲西部的"西部大猩猩"为例，它的指名亚种就叫"Gorilla gorilla gorilla"，即西部低地大猩猩。听着有点像骂人的话，可这也是正儿八经的学名。

那就言归正传吧。

告发

日本树莺堪称日本人的灵魂之鸟。北海道有它，花牌上也有它，简直无处不在。是个人都知道它的叫声是"ho-hoke-kyo"[①]。不知《法华经》为何物的小朋友一听到这种叫声，也知

---

① 类似《法华经》在日语中的发音 hou ge kyou。

道"春天来了"，甚至会想起花粉症，不由自主打个喷嚏。

栖息在日本的日本树莺分为六个亚种。在本州繁殖的亚种最具代表性，日文亚种名也很直截了当，就叫"日本树莺"[①]。为了防止和种名混淆，接下来我就管它们叫"亚种树莺"吧。亚种树莺广泛分布在从北海道到鹿儿岛的各个区域，直接叫"日本树莺"也算理所当然。之所以一到春天就引吭高歌，也是因为有"代表"的身份撑腰，格外自信吧。

栖息在小笠原诸岛的日本树莺则被命名为"长喙树莺"。它们的嘴巴又细又长，体形偏小。亚种树莺喜欢躲在不易被看到的灌木丛里，长喙树莺却有旺盛的好奇心，会走到离人很近的地方，有时甚至会凑到长焦镜头对不上焦的位置，不往后退就没法拍，可爱得很。长喙树莺的外形和行为模式都不同于亚种树莺，所以第一次见的人难免会给出这样的评语："这鸟完全不像日本树莺哎！"

且慢，千万别上当！这不过是亚种树莺策划的"下克上"剧本的一小部分。所谓"下克上"，就是"下级打倒上级，身居主位"。没错，要我说啊，亚种树莺才是如假包换的"下级"。

作为一个了解真相的人，我有义务揭发它们的秘密。按照刚才介绍的命名规律，日本树莺指名亚种的学名是 Cettia

---

① 中文译作"日本树莺台湾亚种"。

diphone diphone，这个学名的主人其实是长喙树莺。也就是说，作为指名亚种的长喙树莺，才是地地道道的"日本树莺"。然而，拜欺骗性十足的日语亚种名和广泛的分布所赐，亚种树莺占了"日本树莺"这个名字，俨然成了日本树莺界的中心，殊不知它的学名是 Cettia diphone cantans，并不是日本树莺的指名亚种。

换句话说，日本树莺这个物种是根据它的指名亚种——长喙树莺而定义的，亚种树莺之所以能享有"日本树莺"这个学名，不过是因为它跟长喙树莺的血缘关系比较近罢了。

没错，其实小笠原诸岛才是日本树莺界的中心。日语名字把主次关系完全和学名弄反了。说"长喙树莺长得不像亚种树莺"是不准确的，应该说"亚种树莺长得不像长喙树莺"。亚种树莺没有对身为指名亚种的长喙树莺表现出丝毫的尊敬，简直过分，我实在看不过去，就自告奋勇当一把长喙树莺的代言人，为大家揭露真相。亚种树莺应该放下傲慢的态度，痛改前非，去小笠原诸岛登门拜访，以表敬意。

看到这儿，肯定会有很多"亲亚种树莺派"的读者愤愤不平。说起来，这其实是两个被人类历史作弄的亚种上演的惨剧。

取学名的时候有一条很重要的原则，那就是"先下手为强"。世界上有无数种生物，生物学家花了三百多年的时间给它们一一起名。同一个物种被安上了若干个不同学名的错误也时

有发生。日本树莺的悲剧就是一例。

在世界各地的学者忙着给生物起学名的时候，江户幕府却在闭关锁国，日本几乎与世隔绝。小笠原诸岛当时还不算日本领土，所以有许多欧美人走海路来到这里。鸟类学家基特利茨便是其一。他在一八三〇年发现了长喙树莺，认定这是一个新物种，给它起了学名。

而德国医生、博物学家西博尔德定居在长崎的出岛，致力于搜集日本鸟类的标本。一八四七年，他发表了基于标本的研究成果，认为亚种树莺是独立于长喙树莺之外的新物种。顺便一提，亚种树莺的雌性和雄性在当时被误认为两个不同的物种，因为雄性的体形比雌性大很多。

然而，随着研究的不断深入，人们发现雌莺、雄莺和长喙树莺是同一种鸟。这个时候就需要用到"先下手为强"的原则了。受闭关锁国政策的影响，长喙树莺被命名的时间更早，于是它成了指名亚种，种名用的是它的学名。亚种树莺的学名却从"种名"降级成了"亚种名"。都怪江户幕府的政策，亚种树莺错失了成为指名亚种的机会。

"长喙树莺"这个名字如此特殊，谁会想到它才是指名亚种呢。主次关系一颠倒，大多数日本人便以为亚种树莺才是最正宗的日本树莺。殊不知真正的种名继承者是长喙树莺。跟《北斗神拳》一个套路，长喙树莺才是健次郎，亚种树莺充其量不

过是拉奥罢了^①。等我哪天征服了世界，一定要把"日本树莺"这个名字赐给长喙树莺，让亚种树莺改叫"短喙树莺"。

那么日语亚种名都是谁取的呢？答案是日本鸟类学会。学会有一百多年的历史，会定期发行《日本鸟类目录》，也就是日本所有鸟类的清单。很多图鉴与濒危物种红色名录都是照着这份权威性目录编写的。最新版是二〇一二年发行的，日本树莺的亚种名也写在里头。长喙树莺作为堂堂指名亚种，居然得不到应有的名字，简直岂有此理，学会该负全责。

哼，为了追究责任，要先查清目录编撰委员都是什么人。张三、李四……突然，我看到一个格外熟悉的名字——"川上和人"。

长喙树莺，我对不起你啊。

说到底，日本人自古以来放在心上的"莺"，并不是长喙树莺，而是亚种树莺。它的确不是指名亚种，但在日本人心目中，它才是真正的"日本树莺"。比起分类学上的代表性，考虑情感因素的决断更为公正。我虽然对小笠原诸岛的鸟类有满腔的爱，却没有勇气在下印前把稿子偷偷换掉。有人骂我胆小鬼，我也认了。

---

① 拉奥是"北斗神拳"四兄弟的长兄，但因为野心太大没有被选为北斗继承人。

进犯

不过两个亚种的不义之战已然进入了一个新局面。

在小笠原诸岛北部的婿岛，长喙树莺已经灭绝了。最后一次在婿岛上见到长喙树莺的记录还是在二战前。据分析，罪魁祸首是两种外来生物——山羊和黑鼠。前者破坏了岛上的植被，后者吃掉了窝里的雏鸟。谁知从二〇〇七年开始，婿岛上又出现日本树莺了。

于是我便和同事们一起上岛抓鸟，检测它们的DNA。结果显示，新出现的都是亚种树莺。准确地说，它们也有可能是栖息地更靠北的桦太树莺，只是两者很难区分。为了方便大家理解，我就以它们是亚种树莺为前提，继续往下说。

只要足够温暖，日本树莺一整年都会在同一个地区度过。但若生活在寒冷地区，冬天一到它们便会选择南下，其中一部分就因此到了小笠原诸岛。千里迢迢飞来拜访指名亚种，也是够有礼貌。

这是第一次在小笠原诸岛发现亚种树莺，不过它们完全有可能时不时飞上岛来，只是之前都没被发现罢了。来就来吧，只要岛上还有长喙树莺，就不是什么大问题。毕竟本地居民占尽了地利，来过冬的客人是留不下来的，到了春天自会垂头丧气地回北方去。就算真有留下来的，只要数量不是太多，造成

的影响也可以忽略不计。

但问题是，如今的婿岛已经没有长喙树莺了。而且为了保护岛上的生态系统，人们最近刚把造成长喙树莺灭绝的山羊和黑鼠扫荡干净。此时此刻的小岛仿佛是一个没有男朋友也没有父母保护的美少女。亚种树莺若是有心定居，谁也不能阻止它们。

实不相瞒，亚种树莺是有前科的。冲绳的大东群岛原来有一个本地亚种，叫大东树莺。后来，大东树莺灭绝了，亚种树莺却住了下来。二〇〇三年以后，人们还发现了它们在当地繁殖后代的证据。

目前，我们只在婿岛发现了寥寥几只亚种树莺，也不确定它们是否会定居。可要是真的定居了呢？长喙树莺就栖息在离婿岛只有五十公里的父岛列岛上，扑腾几下就能碰上来自远方的亚种树莺。如果亚种树莺在婿岛壮大起来，再以这个岛为立足点，继续扩大它们的版图，难保两个亚种之间不会产生混血后代，造成基因污染①。

亚种树莺是无辜的。长喙树莺在婿岛的灭绝也好，外来物种的入侵和扑杀也罢，归根到底都是人造的孽。可"无辜"是一回事，"对本地鸟类的影响"是另一回事。个体数量一旦增加，再想控制就很难了。如今这个局面，我们也许有必要根据

---

① 指原生物种基因库非预期或不受控制的基因流动。

实际情况，在其数量增加之前痛下决心，实施扑杀。当然，抱着顺其自然的心态，静观事态发展，肯定要轻松得多。但谁都无法保证这就是标准答案。

区区人类妄图"管理自然"，也许是太傲慢无礼了。可我们也不能眼睁睁看着生态系统在人类的影响下渐渐变样。亚种树莺正是困扰我的问题之一——这就是我和日本树莺闹崩的始末。

4 在帷幔与云雀之间

哪家的孩子不乖乖睡觉呀?

我这人对流行特别敏感,总能率先捕捉到空气中的花粉,靠纸巾盒续命的时间比谁都长。每年一到春天,我心里就七上八下,总觉得造纸公司要寄感谢信来。

据说日本几乎人人都是"花粉爱好者"。在花粉飞舞的白天难免会提不起劲儿来,于是自然而然把生活的重心转移到了晚上。夜行动物绝对是这么进化出来的……在黄色的花粉云里,我的意识愈发朦胧,只能用仅存的清醒探究着过敏进化论,大多数哺乳动物在夜里出没的原因逐渐生出一个淡淡的轮廓……

哺乳动物的外表以干枯的褐色为主,十分朴素。它们重嗅觉而非视觉,越来越适应夜间的活动,朴素的配色正符合这种进化趋势。而鸟类的特征却在于丰富的色彩。鸟类基本都是昼

行动物，靠视觉讴歌鸟生。鲜艳夺目的外表也能证明，视觉就是鸟类的沟通工具。

　　昼行的鸟到了晚上总归要回巢睡觉的。拜这种习性所赐，人们总以为鸟儿到了晚上就是睁眼瞎，日语里甚至有"鸟目"这个词[1]，专指"夜盲症"，多不光彩啊。可惜我孤陋寡闻，从没见过鸟有夜盲症的证据，倒是知道很多晚上也出来活动的鸟。

　　猫头鹰就不用说了，还有夜莺也是。童话爱好者最先想到的大概是夜鹰吧[2]。《平家物语》同好会的成员们第一反应应该是鵺[3]。不仅在文学作品中，其实很多鸟都是在夜里活跃的。好比我们非常熟悉的鸭子，也有不少会白天漂在水面休息，晚上再打起精神觅食。

　　话虽如此，夜里活动的鸟也并非跟吸血鬼似的，一点阳光都见不得。白天黑夜都活动的"二刀流"还不少，比如习惯在退潮后的浅滩觅食的鹬类和鸻类，对它们来说，"潮水的涨落"比"太阳的有无"重要多了，它们中的许多品种在晚上也会积极觅食。也有形形色色的候鸟选择在夜间进行长途飞行，有人说这是为了避免遭到鹰、隼等猛禽的袭击，也有人说晚上的气温较低、气流稳定，更适合飞行。

---

① 汉语里也有"雀目"的说法。
② 日本作家宫泽贤治写过一部叫《夜鹰之星》的童话。
③ 日本传说中的一种妖怪，出现于《平家物语》当中，它拥有猿猴的相貌、狸的身躯、老虎的四肢以及蛇的尾巴，没有翅膀却能飞翔。亦指虎斑地鸫。

受文明荼毒的人类才夜盲呢，一到暗处，视觉便会严重受限，所以人类才察觉不到夜里也有鸟类出没。不难推测，人类的"鸟目"是导致鸟类被贴上"鸟目"标签的首要原因。

白天正常生活，但为了发出叫声特意熬到晚上的鸟也不稀罕。俗名"夜莺"的新疆歌鸲、人称"鹅"的虎斑地鸫，都属于这个类型。初夏的深夜常有杜鹃啼鸣。这绝不是在瞎叫，而是一种战略。

鸟既是视觉动物，又是听觉动物。动听的鸣啭，恰恰证明了鸟类靠听交流的水平很高。它们用嘹亮的歌声，时而求偶，时而巩固领地。鸟类的羽毛下面藏着敏锐的耳朵，只是我们看不到罢了。

照理说，昼行性的鸟本该在白天鸣叫。只是白天活动的生物太多，全世界都充满了各种的声音。晚上就安静多了，气流也稳定。如果鸣叫的目的是"让其他鸟听见自己的叫声"，那么在声音更易传播的夜晚鸣叫也是非常合理的选择。当然，在白天根据叫声发动袭击的老鹰到了晚上也得睡觉。在夜里鸣叫的鸟之所以能出现在各路文学作品中，也是因为静谧的环境将叫声衬托得分外突出。这也体现出它们对鸣叫时间段的选择非常成功。

时间与空间一样，都是存在于生态圈中的资源。"白天"具有温暖、明亮等特征，属于高品质资源，竞争自然激烈。"夜

晚"则又暗又冷，无人问津。夜晚的鸟类正是因为选择了这种小众资源，才能从中获益。

且听鸟吟

有一次，我为了调查"黑冠鳽"的分布情况走遍了八重山群岛。黑冠鳽是一种鹭。一听到鹭，人们往往会联想到在水田嬉戏的白鹭，但黑冠鳽住在森林里，长得有点像森永制果的吉祥物"大嘴鸟"。林子里本就昏暗，再加上它们穿着褐色的羽衣，伫立在褐色的地上，找起来相当费劲。要是它们一袭青衣，落在金色的原野上，那肯定好找得多，可惜鸟类学家也被万全的保护色轻易骗过了。不过一到晚上，黑冠鳽就会发出穿透力十足的叫声。于是我决定循着声音展开调查。

那是三月下旬的石垣岛。我在亚热带的森林里迎来了黄昏。回巢前的鸟儿们叫得正欢，喧嚣一时笼罩森林。随着太阳西沉，野生动物们纷纷收声，世界渐归静寂。然而，就在最后一缕阳光恋恋不舍地消失的刹那，森林突然迎来了夜晚的繁华。

草丛与树林中传出了民族乐器般的音色。那是秧鸡科鸟类的叫声。森林深处的兰屿角鸮打起"哦囉——哦囉——"的节拍。"噗——噗——"的低沉声音从四面八方的山沟传来，好似铜管乐器，这就是我要找的黑冠鳽。

在白日的喧嚣与夜晚的静寂之后，不同寻常的声响自黑暗深处涌现，仿佛动人的电影场景。大家不妨类比一下《千与千寻》中对昼夜交替的描写：日落成了一道分水岭，见惯的风景在日落后远去，妖神的世界突然显现。又或者类比繁华的六本木①，因为享乐的盛宴总在日落后开幕，五彩缤纷的霓虹灯总在日落后点亮。其实我没体验过晚上的六本木，大家要保密哦。

吃饭，泡澡，看电视，小酌……黄昏时总有做不完的事，怕是很难挤出时间钻进八重山的森林。但夜间交响乐团的演奏还是值得一听的，有机会一定要体验一下。

话说黑冠鹃的叫声在近处听是"啵——啵——"，到远处听就成了"噗——噗——"。这应该是因为声音频率的一部分在传播的过程中衰减了。据推测，由于叫声的这一独特变化规律，黑冠鹃可以据此把握自己和其他个体之间的距离。这下可好，声音有时候像牛叫，有时候却像一边换挡一边加速的四缸摩托车的引擎声。循着声音找过去，却发现自己竟然走到了牛棚跟前，或是跟在一辆本田摩托车的屁股后面……这样的笑话都不知道闹过多少回了。所以在调查黑冠鹃的时候，千万要多留个心眼儿，别上了它们的当。

目前已知的黑冠鹃分布地只有八重山群岛的石垣岛、西表

① 东京港区的一个区域，以夜生活和西方人聚集而著名。

岛和黑岛。但八重山群岛由大量岛屿组成，必须每座岛都踩一遍，才能彻底搞清实际的分布情况。通过调查，我们发现宫古群岛和八重山群岛的主要岛屿几乎都有黑冠鹃，位于日本最西端的与那国岛和因 NHK 晨间剧《水姑娘》而出名的小滨岛也不例外。

世上的鸟类学家太少了，鸟类的生活习性和分布情况还有很多未解之谜。遗憾的是，鸟类图鉴的内容也算不上完美。为了图鉴的精准度，还有看儿童读物的孩子们的笑容，脚踏实地的研究工作是必不可少的。

来自昏暗洞穴的底部

夜晚与白天就像"化身博士"的两面，这也是夜间调查让人乐此不疲的原因所在。我也为此着迷，远赴小笠原诸岛的无人岛，开展了夜间调查。这次的调查对象是鹱。

鹱科的鸟类会在地上挖很深的洞做窝。在它们的繁殖地走动调查的时候，常会一不留神踩穿了人家的窝，受尽良心的苛责……它们白天在海里度过，晚上才会出入巢穴，所以要研究鹱，必须晚上出动。

天黑后，划破空气的声音从天而降，像极了超高速飞翔的天使为了躲避敌人的雷达网低空飞行时发出的响声——那是从

海上回来的鹱在盘旋。地下回响起了表示欢迎的叫声，五花八门，喷涌而出。有"呜呜"的低吟，有"叽——叽叽叽"的叫声，还有的自带独特的节奏，"突突！突突突！"。飞在天上的那些鸟也纷纷鸣叫，回应地下的同伴。这岂止是三百六十度环绕立体声啊，简直是把天地包含在内的全方位立体音响。头顶明明是足以让天文学家眼红的满天星斗，但我懒得多看一眼，只顾着大饱耳福了。

若干种类聚在一起繁殖是海鸟的习性。也许正因如此，每一种海鸟才进化出了特殊的叫声，能在不依赖视觉的情况下找到自己的同类。"叫声视种而异"也算是夜行性鸟类的常态了。以猫头鹰类为例，长尾林鸮的叫声是"五郎助嚯——嚯——"[1]，鹰鸮的叫声是"嚯、嚯——"。多亏了它们极具辨识度的叫声，我们人类也能听音识鸟了。

又是一年三月。无人岛上出现了四个人影，静候夜幕降临。可惜那不是鲁邦三人组和不二子[2]，而是多加修饰才稍微能入眼的中年男子。我们一行人的目标是奥氏鹱。这是一种非常稀有的鸟，又名"小笠原鹱"。地球那么大，人们却只在小笠原诸岛的两座岛屿上见过它们繁衍。为了探寻奥氏鹱的繁殖地，我们

---

① 日本人觉得其叫声听起来像"五郎助"的发音，所以在日本五郎助也是猫头鹰的别名。

② 日本漫画《鲁邦三世》中的人物。

决定用最经典的办法，开展夜间调查。

黑夜里的冲绳有波布蛇，黑夜里的大海有鲨鱼，黑夜里的中南美洲有卓柏卡布拉①。所幸小笠原诸岛的无人岛和这三样东西都不沾边，开展夜间调查的危险系数是比较低的。我这一放心，就麻痹大意了。

话说丑时三刻，就在我戒心降到最低点的时候，突然，一股强烈的冲撞感正中我的头部。

只觉得脑袋里"嗡嗡嗡"地响！不对，是"啪嗒啪嗒"的声音！还有"嘎叽嘎叽"的声音！剧烈的痛感袭来，就好像我的头被外星人占领了似的。怎么搞的？圣饥魔Ⅱ②在人的脑子里用最大的音量突然演奏大概就是这种感觉吧。我一时没反应过来，乱作一团，发疯似的挠头，眼镜都被挠飞了。我没了眼镜就长得像大雄似的，于是又急急忙忙找起了眼镜。多亏这个小插曲，我慢慢冷静下来，总算认清了现状。

有虫钻进脑袋里了。

夜间调查少不了头盔灯。但是一开灯，难免会有虫子循光而来。肯定是被灯光魅惑的蛾子飞进了我的耳朵。世界那么大，为什么非要选这条路走？闯进耳道深处的蛾子以每三分钟一次的频率全力撞击我的鼓膜，闹翻了天。我呢，痛得满地打滚。

---

① 一种被怀疑存在于美洲的吸血动物。
② 日本重金属摇滚乐团。

它还要趁着暴动的间隙在鼓膜上蹭两下，同时发出"嘎叽嘎叽"的响声。再这么下去，我就要疯了。

实话说，我很怕虫子，尤其是飞蛾。我有多讨厌打针，就有多讨厌飞蛾。让我把这玩意儿养在脑袋里？开玩笑，那怎么行，得赶紧把它弄死！对了，用水！我把头一歪，抢起水壶往耳朵里灌水。这一灌，便是天旋地转，差点摔倒。原来往耳朵里灌凉水真的会刺激到三个半规管①，引起头晕。周围本来就都是高低不平的石块，很不好走，真摔一跤，先断气的恐怕是我。收队！

要不了多久，飞蛾便会突破鼓膜，入侵大脑。到时候我就要变成天蛾人②了。突变体飞蛾将咬穿我的肚皮，飞向世界，让全人类陷入恐怖的深渊……我一边勾勒可怕的未来，一边等待第二天的黎明。旷日持久的战斗会不会让我跟飞蛾发展出友谊啊？就在我忧心这个的时候，来接人的船出现在了晨光中。

我回到了有人居住的岛屿，敲开诊所的大门。值班医生从我耳朵里掏出一只浑身是血的蛾子，足有十三毫米。末了人家还感叹道："好厉害的虫子啊！"我人生中最漫长的夜晚终于落幕了。

打那以后，每次参加夜间调查，那个初春夜晚的噩梦都会在我脑海中闪过。是戴耳塞还是听鸟叫？这是一个问题。

---

① 内耳中掌握平衡感的器官，由上、后、外三个互相垂直的环状管组成。
② 未经证实的不明生物，目击次数相对较多的地方在美国的波因特普莱森特。

第二章　每天来点美白养颜抗衰老的智慧

1 南硫磺岛 热血准备篇

鸟类学家，一路向南

"六月怎么连一个法定假日都没有！"——野比大雄曾发出过这样的哀叹。

在他指出这个问题之前，我完全没察觉到日本节假日体系的结构性缺陷。大雄的洞察力总是让我佩服得五体投地。六月不光不放假，还是全国各地饱受梅雨折磨的时候，每个人都郁闷得很，没精打采。湿度那么高，只有研究蜗牛的人才乐得起来。

国土狭长是日本的特征之一。面积不大，却跨越了好几个气候带。从亚寒带的北海道，到亚热带的冲绳、小笠原诸岛，每个地区都有截然不同的环境。梵蒂冈的美术品确实富丽堂皇，马尔代夫的海景确实令人心醉，但"多种多样的环境"是它们学不来的。日本完全可以引以为傲。

我刚才说六月是全国各地的梅雨季，这句话是有问题的。我的调查地小笠原诸岛总是在四月末到五月初入梅，六月上旬就出梅了。维基百科上说小笠原诸岛是没有梅雨季的，有关部门也不会正式宣布"小笠原诸岛入梅了"。但是抵达本州之前的梅雨前线[1]的确为小笠原诸岛带来了连绵的降水，把那几天称为"梅雨季"应该也没什么问题吧。疑心重的朋友大可在五月底光临小笠原诸岛。在雨水的作用下，有坡度的步道化身红土泥泞，无论怎么踩都是原地踏步，好一条"无限回廊"[2]。

　　出梅后，海岛便会被小笠原高气压笼罩。不对，应该这么说：正因为小笠原高气压壮大起来了，梅雨前线才会被推向北方，南边才会出梅。但这也导致了本州地区无辜受累，正式入梅。不过六月的小笠原诸岛很少有台风生成，是一年里最风平浪静的时候。所以，充满冒险色彩的无人岛调查几乎都集中在六月前后。说起让我印象最深刻的一次调查，当属南硫磺岛之行。

　　硫磺岛因二战时的一场激战闻名。从这里再往南走六十公里，就是南硫磺岛了。这是一座无人岛，山顶的海拔高达九百一十六米，是小笠原诸岛的最高峰。从没有人在岛上定居过，涉足山顶的调查只开展过三次。

　　调查次数这么少有两个原因。第一，南硫磺岛是环境省指

---

[1] 冷、暖两大气团交汇的分界线。
[2] 索尼公司开发的一款益智游戏。

定的"原生自然环境保护地区",严格限制外来人员的访问。第二，岛屿本身被断崖绝壁环绕，人根本爬不上去。前两次调查分别在一九三六年和一九八二年展开。二〇〇七年，我有幸参与了第三次调查，向南硫磺岛发起了挑战。

这是一座名副其实的远海孤岛，连殖民者都要望而却步，所以岛上还保留着原生态环境。在日本国内，这种地方是极为稀有的。尤其是和陆地相连的地方，很难排除人类带来的影响。自然资源越是丰饶，人类就越是要插一脚利用当地的资源——人类本就是这样繁荣起来的。就算人类不亲自动手，被人类带来的动植物往往也会化身文明的爪牙，蔓延到自然界的角角落落。所以在日本国内，维持着"纯净原生态"的生态圈已经不剩几个了，而南硫磺岛就是其中之一，十分珍贵。对户外研究者而言，没有比这样的调查地点更让人兴奋的了。

知人者智，自知者明

南硫磺岛四周都是断崖绝壁。有些位置的山崖甚至有二百米高，完全挡住了人们的去路。连进击的巨人①都只能在山崖下打几个转，然后迈着沉重的步子回去，这也成了当地的亮丽风

---

① 指谏山创所作漫画《进击的巨人》中的巨人，身材高大。

景线。登岛的最后一线希望就在小岛的南部。那里有一段夹在山崖之间的山谷，地势走低。这是唯一的突破口，当年的考察队也是走这条路线上岛的。和其他地方相比，这段山谷好像还有那么一点能爬上去的希望。

但这不过是美好的幻想。山谷看似好爬，入口却是一段十来米高的垂直山崖，足有四个比克大魔王高，称霸世界绰绰有余。管它是二百米还是十米呢，反正横竖都啃不动。

就算能搞定入口也没用，更可怕的还在后头。南硫磺岛的半径约为一公里，海拔也将近一公里。这么一算，平均倾斜度刚好是四十五度。按日本《住宅用地建设规定》中的定义，倾斜度大于三十度就是"崖"了。就算是滑雪场用的跳台也不到四十度。南硫磺岛不欢迎软弱的科学家。在正式开展调查之前，周密的准备工作与思想建设必不可少。

其实在挑战比克大魔王之前，还得闯过另一道难关——南硫磺岛和有人居住的父岛之间，隔着三百公里以上的汪洋大海。人当然能坐渔船到岛屿附近，可是最后的一百米却是挑战。南硫磺岛没有栈桥，也没有平静的海湾，渔船无法直接靠岸，所以我们得自己游上岸去。

虽说六月的海面相对稳定，可也不是一直如此。海浪一旦在布满大石块的浅滩发起攻势，人类全都得葬身海底。附近一旦有台风形成，考察队就不得不在惊涛骇浪中撤退了。为了确

保调查的安全进行，每个队员都必须具备足以自保的游泳能力。于是，我在泳池里拼命练习，不知不觉中练就了"在海里蹴一脚就能跳到橡皮船上"的本领。

终于到了和"比克四人组"决一死战的时候。临时抱佛脚的修行是肯定不行的，所以我在出发前一年报了攀岩班。腰上系好安全带，指尖抹好防滑粉，一遍遍挑战十五米高的人工墙壁。常去健身房的健将脸上都带着强劲有力的表情，跟史泰龙似的。经过半年多的训练，我渐渐有了自信，也摆出了一张史泰龙脸。手能伸到多远？能不能在这个状态下把身子拉起来？……提前了解自己的能力与极限，也是确保安全的必备条件。

光练技术是远远不够的，还得提高基础体力。我家到工作单位的距离大概不到十公里。骑自行车的运动量太小了，达不到训练效果，所以在离出发还剩 3 个多月的时候，我决定慢跑上班。上一次用自己的两条腿长跑，还是上高中时的事情。第一天上午跑完以后，我累得一塌糊涂，连工作效率都受了影响，幸好在傍晚前缓过来了，于是便意气风发地回家。那感觉，就好像自己变成了阿甘。谁知刚跑到半路，汤姆·汉克斯的膝盖就开始疼了……

"好疼啊……不好意思，能来接我一下吗……"

才一天的工夫，计划就搁浅了。训练过度，以至于在正式出场之前受伤……笑死人了。没想到我对自己的能力与极限是

如此无知。

其实嘛，要是人真能靠小半年的训练认清自己，那德尔斐神谕[1]和老子都不会在历史上留名了。软弱的科学家最忌讳逞能。总而言之，千万别过分自信，必须时刻保持谦虚。

考察队最终决定：登陆环节请潜水员协助，上了岛再请攀岩家帮忙开路。不勉强自己，而是求助于专业人士，这才是明智的选择。科学家只要专心搞研究就好了。

宇宙之海就是老子的海[2]

在调整身体状态的同时，物资的准备工作也在有条不紊地推进。要开展一项调查，首要任务就是确保足够的经费。毕竟由二十三人组成的考察队要在连饮用水都没有的无人岛调查整整十三天。调查器械、食物、保险、包船……每一项都得花钱。那次的经费出自东京都政府的预算，以及东京都立大学申请的文部科学省科学研究费。具体金额不便透露，反正这笔钱足够买到能盖起一栋大楼的"美味棒"[3]。

调查绝不是靠科学家的一己之力就能完成的。没有负责争

---

[1] 刻在希腊德尔斐神庙阿波罗神殿门前的三句铭文："认识你自己""凡事勿过度""承诺带来痛苦"。
[2] 日本动画片《宇宙海盗船长哈洛克》片头曲的第一句歌词。
[3] 一种长条状膨化食品。

取经费、完成各项准备工作的后勤人员，调查就不可能成行。我们科学家之所以能得意洋洋地吹嘘自己的研究成果，也多亏了在背后默默付出的工作人员。我想借此机会，由衷感谢平日里在各方面鼎力支持我们的各界人士。

"筹措经费"是第一阶段，完成之后才能开始为调查本身做准备。"要带去南硫磺岛的物资处于什么状态"成为摆在我们眼前的新问题。在这场调查中，"妥善管控外来物种"堪称重中之重。想必大家都很清楚外来物种的入侵会对本地生态圈造成多么重大的影响，应该不用我再解释了吧。

《铁血战士》里让施瓦辛格身陷绝境的外星怪物，《火星人玩转地球》里满嘴"我们为和平而来"却大开杀戒的火星人，《变形金刚》里妄图得到火种源的霸天虎……能用来学习外来物种问题的启蒙电影非常多，具体的还是请大家移步音响租赁销售店吧。我们都是以保护生态圈为己任的生态学家，怎么能为了调查把外来生物带去调查地呢？更何况南硫磺岛的原生自然环境一直保护得很好，这就更需要我们严加小心了。

外来生物有可能潜伏在调查器具的任何一个地方。腰包的角落、鞋底、尼龙搭扣的缝隙……常去野外调查的科学家的器具，其实也是外来生物的宝库。所以去南硫磺岛调查的时候，原则上全套东西都得用新的。从背包、鞋子、衣服、艳丽的四角裤，到帐篷等露营器具、用于捕捉测量等的调查器械、绳索

和安全带等……所有工具都要重新买。至于买不到新货的特殊器具，就放进冷冻室冰一冰、用酒精擦一擦、用吸尘器吸一吸，做个祷告，尽可能杜绝隐患。

好不容易把器具弄干净，要是在打点行李的时候有生物跑进去，那岂不是白忙活了。所以下一步是设置净化过的准备室，也就是所谓的"洁净室"。找一间会议室，关好窗户，把窗户缝全部封死，喷点 Varsan 牌杀虫剂熏一熏。连空调也不能开的高气密性"桑拿房"就这样大功告成了。队员要先脱鞋，把身子洗干净，然后再进洁净室，一边冒臭汗，一边相互检查行李。

因为我们要游上海岛，所以每个人携带的调查器具不能超过 20 千克。精挑细选的行李会被封在能浮在海面上的泡沫塑料箱或防水包里。海水的冲刷也有助于去除物资表面的外来物种。

最后就是我们自身的净化工作了——从出发前的一周起，考察队员禁止食用带种子的果实。六月是小笠原诸岛特产百香果的旺季，可惜我们不能排除种子穿过消化道被散布到野外的可能性。虽然考察队会带便携式厕所上岛，但还是得把风险控制在最低程度。我们就这样静悄悄地开始了一场"戒果实"的修行，只能狂吃龟田制果的"柿种"^① 泄愤。

行李用铺着全新蓝色塑料布的卡车拉走，再装进提前做过

---

① 源于新潟县的一种米制点心，常作为下酒菜，并不是真的种子。

灭虫处理的渔船。货物的总重量超过了 1.5 吨，这个数字让我愕然。要是换算成滋露巧克力，就算每天吃两个也得二百多年才能吃完啊。

六月明明是大雄制定的"游手好闲感谢日"，我们却满头大汗，忙着最后的准备工作。参加急救培训班不说，还有人神不知鬼不觉地给我给买了人寿保险，我要是死了，能获赔五千万日元。考察队里全是男人，跟一群臭汉子共度两个星期，保证你再也不会有"告别梅雨，去南洋小岛度假，美滋滋"之类的幻想。可为了这两个星期，我们要花整整一年的时间准备。科学家到了紧要关头也得求神拜佛。考察队集体参拜了能俯瞰父岛港口的大神山神社，神官的祷词为准备工作画上了句号。

做研究是没有鼓励奖可拿的。准备得再周到，没有做出成果就是徒劳。

我们怀着喜忧参半的心情，哼着《口红留言》①，坐船奔赴南硫磺岛。

---

① 日本著名女歌手松任谷由实的第五支单曲，电影《魔女宅急便》插入歌。

2 南硫磺岛 拼死登顶篇

天堂咖啡厅

这家店名为天堂咖啡厅，是受伤的男人聚集的场所。推开店门，便立刻看到有位肤色黝黑、死活不肯摘下墨镜的客人正在里面。旁边还有位身材偏矮的客人，眼神犀利，时刻打量着周围。他的视线尽头是一位衣着朴素的客人……他们一言不发，各自疗伤，随即消失在石块砌成的店门口。

其实这个地方真正的名字是"大本营"。此处是汪洋之中的无人岛，南硫磺岛的海岸。扮演鲁滨孙·克鲁索[①]的游戏已经玩腻了，所以我们把设定换成了咖啡厅。店长推荐的套餐是威德清凉能量果冻配 Calorie Mate 能量棒，实用性极高，只怕会惹恼

①《鲁滨孙漂流记》主人公。

海原雄山[1]。

嗯？仔细一看，这不是 Calorie Mate，而是山寨货 Calorie Ade。前者一包有四百卡路里，后者却只有三百卡路里，难怪便宜。看来是考察队死抠预算，不小心买到了假冒伪劣商品。

自然环境考察队来到了阔别二十五年的南硫磺岛。这里还保留着稀有的原生态自然。二十三名队员中有动物学家、植物学家、地质学家等各个领域的研究人员，将开展为期十三天的调查工作。

在艰苦的调查过程中，大本营发挥着非常关键的作用。它既是通信枢纽，又是应急避难所，更是队员住宿休息的地方。然而南硫磺岛被山崖环绕，有条件扎营的海岸只有十多米宽，存在感跟琵琶湖外围的滋贺县陆地部分一样小[2]。

狙击手都有个习惯：一有人走到他背后，他就要动手打人。下意识地厌恶来自身后的动静，其实是"只有警惕敌人才能存活下来"的绝佳佐证。所以人背靠墙的时候会更有安全感。但是在这座岛上，靠着山崖是万万不行的，因为山崖附近是落石的多发地。

话虽如此，除了山崖下面也没有别的地方可选，一点办法

---

① 漫画《美味大挑战》主人公的父亲，超级美食家。
② 琵琶湖是日本最大的淡水湖，占滋贺县总面积的六分之一，常有人揶揄滋贺县除了琵琶湖什么都没有。

都没有。不过，既然谁都有可能在打斗的时跌落山崖幸存，一面露宿山野一面发誓报仇，最终和被囚禁的美女坠入爱河，那我就把选择山崖的正确方法传授给大家，到时候也能有备无患。当你来到山崖下方的时候，别光顾着看上面，而是要低头看看脚边。如果落在地上的石头是圆的，那这个位置就是安全的。如果是有棱有角的，那危险系数就很高，因为这意味着石头刚掉下来没多久。

好不容易找到了相对安全的地方，却并不意味着完全杜绝了落石的风险。每天晚上都有拳头大的石块掉下来，所以睡觉时也得戴着头盔。把营地往海岸边靠也不行，因为涨潮时会有人鱼来拽你的脚。于是我们就夹在落石和人鱼之间，每天在狭窄的海岸来来往往。一边飞速掌握"用绝妙的睡姿避免石头砸中要害部位"的方法，一边开展调查工作。

雨中曲

我们在岛上的头号任务是"搞清当地的生物相"。由《疯狂的麦克斯》中的人物一般的硬汉组成开路小分队，开辟通往山顶的路。这座岛的形状跟阿波罗巧克力一样，呈圆锥形，山坡十分陡峭，几乎跟"山崖"差不多了。硬汉们会在陡坡上装好绳索，送软弱的科学家上山顶。

爬过了哗哗掉碎石的陡崖，到了海拔四百米高的灌木林。脚下是许许多多个空洞，形似打地鼠游戏机。这些隧道般的巢穴是白额圆尾鹱挖的，二百克是它们的承重极限。可今天的来客是疯狂的麦克斯们，再小心也难免会踩穿几个巢穴。

野外调查不可能对自然完全不造成影响。只要有人去，地面就会被踩踏，植物就会受伤，连民间传说中的槌子蛇都要灭绝。调查队当然会尽可能小心，但小心过头，阻碍了调查工作的开展，那岂不是本末倒置吗？既然已经破坏了自然，就得做出最好的成果来，这样才对得起人家。所以我们一边在心里赔不是，一边埋头前进，每走一步都会背上一份新的罪孽。

最终，我们抵达了海拔九百一十六米的山顶，小笠原诸岛的最高峰。换成以轻薄为卖点的 iPhone 6，需要整整十三万部才能叠出这个高度。在这儿拍张照片发到网上，那才叫天下绝景呢！不料山顶被浓雾笼罩，连信号都没有。很遗憾，大海的正中央是没有天线的，海拔高的地方还很容易被云盖住。所以这一带的湿度很高，形成了被称为"云雾林"的潮湿森林。在这座没有河川的小岛，支撑着生态圈的水分正是来自云雾。

透过雾气，我看见地上散落着一些鸟类的尸体。在日常生活中，死鸟会与反物质相互抵消，所以我们不太有机会见到。但南硫磺岛没有反物质，死鸟也就不会消失了。而且岛上没有老鼠、乌鸦这种吃尸体的脊椎动物，死尸都是被慢慢分解掉的。

仔细一瞧，藤蔓和树枝上也挂着死鸟呢。比起活体，我更喜欢尸体，所以在我看来，眼前的这一幕称得上"天堂般的地狱绘卷"。盛产尸体是自然丰饶的证据，不错，不错。

我们在山顶等到日落，于入夜后正式开工。戴上头盔灯，做个深呼吸，发出一声呐喊。

唔，呕！

嘴里一阵恶心，紧随其后的是呕吐的声音。被灯光引来的无数小苍蝇趁我呼吸时顺着口鼻大举进犯。要是有人在这个时候把我送进电动传送机，恐怖的变蝇人怕是要成真了[1]。尸体天堂也是分解者苍蝇的天堂。每吸一口气，都有被无数尸体养肥的苍蝇们抵达我的肺腑。

当然，我每次呼气也能顺道吐出一些苍蝇来，只是出来的要比进去的少，真是奇了怪了。每呼吸一次，身上就要多出十几只苍蝇的体重，再这样下去要中年发福了，而且这感觉真是太恶心了。"原生态自然最美丽"不过是城里人的幻想，现实中的大自然是满地的尸体、满嘴的苍蝇和一肚子粗口，让人身心一同坠入黑暗的深渊。可我总不能因为苍蝇停止呼吸吧？否则自己也要成尸体天堂的一分子了。

快开动脑筋！应该有什么解决办法的！

---

①恐怖片《变蝇人》中的男主角因意外和苍蝇一起进入电动传送机，不幸成为拥有一半苍蝇基因的变蝇人。

既然不能停止呼吸，那就只能调整思路了。这里的苍蝇是吃死鸟长大的，也就是说它们的身体成分是百分之百的鸟肉。对嘛，其实我吃进嘴里的是形同苍蝇的鸟肉！这么想就能忍了。

我就这样巧妙地骗过了自己，抱着涅槃重生的心态重新投入调查。说时迟那时快，一只黑鸟一头撞在头盔灯上。它就是这一次调查的主要对象，日本叉尾海燕。

世界那么大，这种鸟却只在南硫磺岛的山顶地区繁殖。敢在比密宗真言宗本山高野山的奥之院还高的地方繁殖，也真够厉害的了。它们习惯在天黑后从大海飞回陆地，像雨点一样从天而降，落入林中。在灯光的吸引下，海鸟一只接一只往我身上撞。尸体天堂就这样在黑暗中变成了生者的乐园。虽然我还是每呼吸一次，和苍蝇的同化度就高一些，但考察这片繁殖地的现状是我的重要使命。

"黑海燕之雨"中还混杂着一些叫奥氏鹱的海鸟。在这次调查之前，已知且现存的奥氏鹱繁殖地就只有一座叫"东岛"的小岛，所以这也意味着我们找到了第二个繁殖地。从海岸到山顶，整座南硫磺岛都是海鸟繁衍后代的好地方。鸟巢的数量恐怕有数十万之多。"被海鸟包围的海岛"是小笠原诸岛的原生态应有的模样。这一夜，我有幸将环境保护事业要实现的终极理想印在了眼底。

我本想再多淋一会儿海鸟雨，无奈第二天还有其他工作，

养精蓄锐也是很有必要的。今晚要在山顶搭帐篷睡。就寝前，我们一边跟其他小队开会，一边做拉伸运动。

"我老婆带着孩子跑了，官司还没打完呢……""啊，我也离婚了……""哦，其实我也是……""一想到这些乱七八糟的，我就睡不着了，已经三天没合过眼了……"

调查队员心中的阴霾比黑夜还深。南硫磺岛的夜晚才刚刚拉开帷幕。

白玉楼中的鸟 ①

我的另一项使命是采集标本。在调查生物相的过程中，能证明"该生物在当地存在过"的确凿证据必不可少。正因为找到了河童的木乃伊，我们才能确信它们真的存在。标本能提供胃内容物、体内寄生虫、骨骼形态和其他无法通过活体获取的宝贵信息，而且后世的任何一个人都能对标本进行检验。甚至也有先做了标本，事后才发现那是个新物种的情况。总而言之，标本有很高的价值。

采集标本说白了就是"杀鸟"。大家对这种行为的看法肯定褒贬不一。其实"特地杀鸟做标本"的机会已经越来越少了，

---

① 白玉楼是冥界的建筑物，文人逝世后魂魄将去的地方，这里指死去的鸟。

近年来用得更多的是自然死亡的个体。可是在好不容易才能去一趟的无人岛，不主动捕杀就无法获取标本。于是乎，我们背负的罪孽又多了几分。

抓到鸟以后，我们会用药剂对其实施安乐死。无人岛上没有能接冰柜的插座，所以要当场做好防腐处理。用手术刀在胸部划一个尽可能小的口子，去除肌肉、内脏等容易腐败的部位。取出来的内脏也要泡在酒精里带走。然后在标本体内塞满盐，标本也要整个埋在盐里，这样就很耐放了。盐可以辟邪，可以去除污秽，还能顺便发挥一下杀菌能力，抑制腐败。

忙完以后，我想洗掉手上的血，把手指往海里一浸……说时迟那时快，只见外星人似的嘴巴从水底石头的缝隙间窜了出来。我还以为是杀生的报应来了，其实不然。原来是血腥味引出了气味难闻的小型韧鱼。我在千钧一发之际躲开了，却看见好几条韧鱼在手指原来所在的位置纠缠翻滚。看似和平的自然，也会突然露出骇人的獠牙。无人岛没有医生和护士，一点小伤都马虎不得。在这座岛上，生死剧时刻在我们身边上演。

眼看着调查即将收官，松懈和疲劳也积压到了顶峰。海岸边不比山顶，既没有淡水，也没有阴凉处。才早上八点，四周已经被烤成了灼热的人间炼狱。在毫无防护的状态下到太阳底下待上两秒左右，你就会被晒到蒸发，连渣都不剩。为了给队员们提供一个歇脚的地方，天堂咖啡厅隆重开张。正在休假的

南硫磺岛岛民在咖啡厅的遮阳棚下共聚一堂。

　　晒得黝黑的考察队队长是店里的常客。无论白天还是夜里，他都戴着墨镜。因为他某天去海边"办事"的时候，一个大浪拍过来，把他的眼镜拿去孝敬海浪中的人鱼了。备用眼镜全都是墨镜，搞得他一到晚上就长吁短叹，好暗啊，好暗啊……他明明是植物学家，却因为找到了一只椰子蟹激动得要命，末了还跟我们祖露了一点没用的心迹，说他其实想当个动物学家。

　　待在队长旁边的蜗牛学者个子不高，正用犀利的眼神远眺大海。这一趟他发现了四个新物种，却也付出了相应的代价，把要紧的眼镜供奉给了山神，跟队长成了难兄难弟，所以不眯眼就看不清东西。他的视线落在水边，只见水栖动物学家正在拍视频留档。他戴着防落石的头盔，这当然很好，可脖子以下就只有一条四角裤遮羞。他到底在保护什么呢？

　　各怀心事的队员们迎来了调查的尾声。为了减少回程的行李，天堂咖啡厅搞起了清仓大甩卖。我们往肚子里猛塞备用的食品，带着多出来的些许赘肉离开了海岛。

　　就在我埋头分析带回来的样本时，电视上播出了在南硫磺岛拍摄的画面。当时的确有影像记录组跟我们一起上岛。一看吓一跳——因为电视里的南硫磺岛太美了。这根本不是我认识的岛。脚边的累累死尸，随呼吸蠢动的苍蝇残留在嘴里的触

感，还有在岸边扭动的"地球外生命体"……那才是真正的南硫磺岛。

千万别上当。大自然绝不是只有美丽。电视上播出的风景并没有作假，却不过是真相的一部分而已。不二子要是不搞搞叛变，魅力都得打个对折呢。请各位牢记，只有建立在"毒"上的"美"，才能释放出真正的魅力。

第三章　每天睡幸福觉心

1 只要合情合理，管它什么因果关系

日本树莺（左右都是）

幻化成风

在朝雾中发动引擎，让机器在眩目的朝阳下爆发出不羁的咆哮。挣脱日常生活的纠缠，全身心洋溢着恰到好处的紧张感。

为什么要骑摩托车？我有很正当的理由——因为我是个鸟类学家。

鸟类是摩托车的象征，这一点毋庸置疑。本田、哈雷、摩托古兹……振翅高飞的鸟时常出现在摩托车品牌的商标里。摩托车厂商分明在用这种形式向鸟类学致敬，要是我摆出一副冷淡的态度，岂不是很不懂事吗？作为一个绅士，也为了维护鸟类学的名誉，我要恭恭敬敬地跨上摩托车，回馈人家的一片真情。

摩托车厂商高举鸟类的大旗，鸟类学家爱骑摩托车，其实都是合情合理的。毕竟摩托车和鸟类有很多共同点。且不说丰

富的色彩和高超的机动性，两者最大的共同点是"双脚步行"。把"步行"这个词用在摩托车上可能有点奇怪，反正只要理解成"和地面有两个接触点"就行了。除了人类，在日常生活中采取"双脚步行"这种特殊行动模式的也只有鸟类和摩托车了。

据我所知，动物的恶心指数和脚的数量成正比，脚越少就越美。蜈蚣有一百条腿，蜘蛛有八条腿，蟑螂有六条腿，沟鼠有四条腿，鸟类和美神阿佛洛狄忒是两条腿。再怎么比，都是鸟类和女神更美嘛。摩托车当然也比四轮车和翻斗车什么的更帅气。否则史蒂夫·麦奎因和汤姆·克鲁斯才不会骑着摩托车去执行任务呢。

敏锐的读者可能闻到了一点偏见的味道，但鸟类和摩托车的两个共同点应该能够得到大家的认可吧。实不相瞒，"双脚步行"和"颜值高"有很强的相关性。两者能归纳成一个词：功能美。

鸟类的飞行能力离不开轻量化。猫和乌鸦看起来可能差不多大，但前者大约有四千克，后者却只有六百克。摩托车也只拥有由两个车轮支撑起来的有限空间。一升排量的汽车大约是一吨重，同样排量的摩托车却只有二百千克。无论是鸟类还是摩托车，都将运动所必需的装备塞进了小巧而轻便的身体中。

要实现"小体积＋高性能"这一极具挑战性的目标，就得精选必要的器官，把能砍掉的都砍掉。久而久之，每种鸟和车

型都发展出了显著的专业性，而不是什么功能都沾点边。有的专攻长途飞行，有的侧重水上活动；有的擅长跑高速，有的专注越野路况。正是单一功能造就的"简洁"拉高了颜值。

剔除了多余赘肉的精简形态，催生出极致的功能美。这才是鸟类和摩托车的头号共同点。

骨头都要爱

我在收集骨骼标本。别误会，我不是变态，我只是个鸟类学家罢了。

鸟类的形态没有丝毫冗余，美极了。最能体现其功能美的部位莫过于骨骼。"飞翔"是鸟类最大的特征，这一能力虽然的确由翅膀实现，但撑起翅膀的却是骨骼。

要控制翅膀，支撑肌肉的骨骼必不可缺。终结者的肌肉再发达，在沼泽、熔炉这种没处落脚的地方也什么都撑不起来。即便是威尔斯笔下的火星人，看似软绵绵的章鱼腿里应该也藏着骨头[1]。

为了负担肌肉，骨骼必须兼具强度与柔软性。上腕骨进化成了轻便的中空状，形成一道柔美而性感的弧线。手脚末端的

---

[1] 英国科幻小说家 H.G. 威尔斯在科幻小说《世界大战》里，将火星人描述为类似章鱼的形象。

若干块骨头融为一体，同时实现了轻量化与刚性化。轻量化的骨骼没有任何多余的部分，演绎着进化的神奇。

　　脊椎动物由骨骼和裹住骨骼的软组织组成。软组织不断变化，形状会受食物摄入量的影响。肌肉也好，脂肪也罢，都是时增时减的。羽毛会因为紫外线与摩擦渐渐磨损，通过每年换毛实现新老交替。个体一旦死亡，软组织和羽毛都会逐渐腐烂，着实脆弱得很。

　　相较之下，骨骼就强健多了。一旦长成，形态就是固定不变的。即便软组织烂光，骨骼也能长期维持原来的形态，有些甚至一亿年不变形。骨骼这么厉害，不夸它夸谁?

　　可惜日本研究机构收藏的鸟类标本大多是假剥制标本[①]。它们跟普通的"剥制标本"一样，身披羽毛，保持"立正"的姿势。我的工作单位也有一万多具假剥制标本，骨骼标本却只有数百个，还都是零散的部位。动人的羽毛的确是鸟类的特征，但思想品德的教科书上明明写着，"内在美才最重要"。实在太不像话了!

　　我察觉到了这场外貌主义引发的道德危机，决意收集鸟类的骨骼标本。

---

①剥制标本是将动物皮张连同毛发、鳞片等一同剥下制成的标本。真剥制标本是将动物皮张还原成生活姿态加以展示，假剥制标本则不再还原成动物的姿态，而是简单展示皮张上的生物学特征。

爱上美女是不需要理由的，收集标本同样没什么特定目的。恰恰相反，"无目的、无限制地收集"这种行为本身才是目的，标本只有大量收藏才能产生价值。

　　无论是人还是鸟，都有个体差异，所以标本数量太少时是无法判断它是否典型的。要是金星人在搜集人类标本的时候碰巧抓到了汉尼拔·莱克特[①]和杰森·伍尔赫斯[②]，肯定会引发无谓的误会，到时候银河联邦警察怕是要加班过来喽。但是抓上一千个地球人分析一下，应该就能理解普通地球人的特征了，金星人的误会自然也能化解。

　　同理，只要大量搜集巴尔坦星人、M78星云人[③]等各种外星人的标本，就能搞清种族之间的差异了。所以多采集各种各样的标本才保险。万一在桃子或者竹子里发现了人形动物，也能通过精密的测量分析明确它的种族[④]。

　　标本是生物学领域的字典。而字典的意义，就在于它收罗列举了大量的词汇。如果一本字典只收录了《奥特曼》里的怪兽，那它基本派不上用场。当然，"有价值的单个标本"也不是没有，但详尽性才称得上是标本的真正价值。有些标本一直放

---

① 悬疑小说《沉默的羔羊》系列中的角色，是一位高智商人物。
② 恐怖电影《黑色星期五》中的杀人犯。
③ 均出自《奥特曼》系列作品。
④ 指日本传说《桃太郎》和《竹取物语》，桃太郎从桃子里诞生，辉夜姬诞生于竹子中。

在标本箱里，从没被拿出来用过，仿佛时间永远凝固在它身上了一般，可是"标本在标本箱里"这个事实才是最要紧的。

数量够多、种类齐全的骨骼标本对科研十分便利。之前说过，鸟类的骨骼剔除了多余的部分，把形态精简到了极限。所以，每种鸟的特征会显著体现在各个部位的骨骼形态上。

月亮是圆的，甲鱼也是圆的，但两者差了十万八千里。同理，能进行远距离滑翔的信天翁、高速飞行的隼、在树丛中嬉戏的树莺……大家都是鸟，飞行模式却有天壤之别，而其中的差异完全反映在了翅膀的骨骼形态上。同理，地面行动的差异体现在脚骨上，觅食方式的差异集中在颚骨上。多亏了行为与血统等因素造就的形态差异，我们才能分辨出不同的物种。

科学家能通过鹰骨里的食物痕迹弄清它们平时都吃些什么，以便锁定应该大力保护的觅食区域，也能通过遗迹出土的骨骼勾勒出古代人的狩猎生活。对比骨骼形态，能照亮进化的路径。总之，骨骼标本是一种非常厉害的工具。

话说月球的直径约为三千五百公里，大号日本鳖的直径也不过四十厘米，差了大概九百万倍，拿这两个东西打比方好像是夸张了点。那就本着谦虚的态度订正一下：月亮跟木卫三有多大的差别，不同鸟类的飞行模式就有多大的差别。

有心收集标本固然好，可骨头不是树上长出来的。得搞到死鸟，取出里头的骨骼才行。于是我就跟三个朋友一起去铁路

边找死鸟，可惜找了半天都没有收获。

在自然界，每天都有大量的尸体产生，然而它们中的大多数会在瞬间消失。被狐狸咬上一口，斑鸫便成了死尸，可是一眨眼的工夫，死鸟就进了狐狸的胃。因为衰弱或事故死去的鸟也会被貉、乌鸦等动物迅速发现。在生态圈中，死尸绝非无用的废物，而是宝贵的资源。

人类能遇见的死尸寥寥无几，所以我的死鸟收集工作离不开各路朋友的帮助。我谨借此机会，向大家道一声谢谢。

有了尸体，就能在研究室制作标本了。首先把尸体冷冻一下，这是为了杀死寄生虫。然后推测死因，测量外部形态。羽毛与内脏要取下来另行存放，肌肉也要留一部分用来检验DNA。

检验 DNA 只需要火柴头那么大的取样就够了。哟嗬，剩了好多饱满的肌肉呀。如果能确定这只鸟死于事故，只要彻底烤熟就没风险了。说不定有比"扔掉"更环保的处理方法呢，既能告慰人家的在天之灵，又能减少垃圾。

嘿嘿嘿，至于后面发生了什么，我就不透露了。

要去除包裹骨骼的肌肉，得用蛋白质分解酶。我用的是作为食品添加剂在市面上流通的酶。这种酶非常好用，往硬邦邦的便宜货上倒一点，肉质就能瞬间上升一个档次，变得又松又软。去掉软组织以后，再用乙醇（酒精）对骨骼做脱脂处理，

最后用过氧化氢水溶液漂白一下就大功告成了。

在我盼着松下之类的厂商推出"全自动标本制作器"的这段时间里，数千具标本已经做好了。由于日本的土壤是酸性的，骨头要是撂在自然环境里没人管，时间长了，再硬也会被分解掉。但是到我手里的幸运儿却能半永久地留住那优美的形态。骨骼的精灵们沉浸在能为自然科学做贡献的喜悦中，面露纯真的微笑，献身于标本库中。

在处理日常琐事之余，把身子深深埋进标本室的椅子，和骨骼的精灵们嬉戏片刻……这些微不足道的小时光就是我最大的享受。

先有结果，后找目的

是时候老实交代了。我啰啰唆唆写的一大堆钟爱摩托车和骨骼标本的理由，都是事后凑出来的。

理科学者有个坏毛病——喜欢给所有行为配上一本正经的理由。没有理由就烦躁焦虑，压力大起来时甚至会做出些轻微的违法行为。为了维持社会秩序，我们也需要给行为配上合乎逻辑的理由。

骑摩托车是因为我喜欢，就这么简单。因为摩托车拉风啊。收集骨骼标本就跟集章活动似的，集齐了多畅快啊。可是只有情

感层面的理由，既不能令人满足，也不能令人安心，还不能令人高兴。只好给自己的行为构筑一套正当理由，这才松一口气。

但这并非不好，或是不诚实。

身为鸟类学家，我的工作就是发现湮没在自然界中的真理。而这个过程说白了，就是邂逅未知的现象。直面还无法解释的事实，推测它发生的主要原因，剖析其中的机制……这才是自然科学家的职责。也就是说，我这种"事后找理由"的行为完全符合科学家的身份，只是"动力源于自然界还是自己心里"的区别罢了。

哎呀，我又在给"事后找理由"这个行为找理由了。理科生的老毛病又犯了。我为什么会做出这种事呢? 这当然也是有原因的，因为……

2 那个东西不能吃

先治山羊，还是先治黑鼠？

山羊的馈赠

服装行业的人一点都不了解国民的需求。防晒衣什么的根本没有必要。

野外生态学家的夏天总是和日晒的烦恼一起到来。我的调查地之一是烈日炎炎的草原。越是用心工作，就晒得越黑。之所以发愁，当然并非我想美白。晒成狂野的古铜色，多交点桃花运，我也是很乐意的。但问题是，身上被晒黑的部位只有手臂和脸，肚子还是雪白的。没错，这就是传说中的"建筑工地式晒法"。

夏天是玩水的季节。可是带着T恤衫的印记穿泳裤，未免有些寒碜，想来一场盛夏的爱情游戏都难。优衣库和岛村如果真的懂老百姓，就应该开发几款能让紫外线穿透的衣服，这样

才能晒得更均匀。我保证发动难兄难弟们一起买，上市当天售罄也不是梦。

可惜东丽①对这件事不太上心，到现在还没研发出新的材料。看来人类的科技水平虽然已经能登上"月读"，却还是敌不过"天照大神"②的威力啊。我实在没办法，只能在调查之余时不时脱掉上衣，靠"光膀子"克服难关。"不积跬步，无以至千里；不积小流，无以成江海。"基础研究最讲究脚踏实地了，我的行为堪称科学家的楷模。

我承受着研究伙伴的冷眼，为了美好的海滩时光咬紧牙关，脱下 T 恤。想笑就笑吧。老子总有一天会把你们这些晒得不够彻底的家伙踩在脚下，带着一身狂野的古铜色凯旋。

话说回来，我本不该在这灼热的炼狱受折磨。我可是"森林"综合研究所的研究员啊！森林冬暖夏凉，闻着空气里的植物杀菌素放松身心，享受小鸟清脆的歌声，和森女尽情嬉闹，这才是我的夙愿。为什么我会跑去灼热的草原呢？因为那里曾经是森林啊。

我的脚下是婿岛列岛中的"媒岛"。根据明治时代的文献称，媒岛当年可是有森林覆盖的，但现在却只剩茫茫的草原。

---

① 以有机合成、高分子化学、生物化学为核心的高科技企业，是优衣库衣料合作伙伴。
② "月读"是日本传说中的月神，"天照大神"是太阳神，这里分别指月亮和太阳。

变成这样可都是外来物种山羊干的好事。

欧美人和卡纳卡人从一八三〇年起殖民小笠原诸岛，把它用作捕鲸基地。基地的任务当然是为船只补给水和食物。要在海岛上生产肉类，最简便易行的办法莫过于放养山羊。草叶就不用说了，山羊连树皮都啃，陡峭嶙峋的山坡也阻挡不住它们轻盈的步伐。它们是荒野生存的专家，连《第一滴血》中的兰博都得甘拜下风。这种能力深受全球船员的青睐，于是，人们在小笠原诸岛也放养了许多山羊。"黑船"舰队的佩里提督也在航海记录里提到，他本人在一八五三年造访小笠原诸岛的时候放了几只山羊上岛。

一八七六年，小笠原诸岛并入日本，日本人开始上岛开拓。在日本政府的统治之下，人们继续放养山羊。久而久之，山羊便在包括无人岛在内的十七座岛屿上野化了。拥有超强生存能力的山羊平时吃的当然不是山羊朋友寄来的信[1]。它们毫不留情地啃食植被，包括当地的特有物种。渐渐地，森林退化成了草原，而草原退化成了裸地。

被隔绝在海上的小笠原诸岛本没有生活在地面、以植物为食的哺乳动物。如果一个地方的食草动物很多，那么当地的植物定会慢慢进化出某种形式的防御能力，如毒素、尖刺、强劲

---

[1] 日本儿歌《山羊的来信之歌》有歌词"白山羊寄来信了，黑山羊没读就吃了"。

的再生能力等等，因为没有进化出这些东西的物种会迅速灭绝。这么看来，能走路、会嚷嚷的曼德拉草简直是防御进化领域的精英①。然而，在没有食草动物的状态下完成进化的海岛上，植物们毫不设防，右边的枝条被啃掉了，还要把左边的枝条给人家递过去，于是一个接一个坠入了灭绝的深渊。

森林一旦消亡，住在里面的鸟类、昆虫等生物也会消失不见。植被一旦遭到破坏，土壤就会流进海里，闷死珊瑚。大地失去了土壤，岩石层便裸露在外，供植物扎根的基础也就不复存在。在漫长的岁月中构筑起来的生态圈被迫倒退了数百万年。

在有人居住的岛屿，山羊还造成了经济损失。它们糟蹋农作物，破坏栅栏，踩烂院子里的花。据说在内陆地区，有人专门把山羊放养在绿化带，这样就省去了割草的麻烦。路过的白领丽人可喜欢它们了，直呼"好环保呀"。山羊仿佛也知道自己受宠，老往人身上凑。可惜在海岛上，山羊们已经造成了不容忽视的负面影响。

价值观是与时俱进的，曾经备受船员喜爱的山羊已然成了生态圈的大敌。当然，山羊本身是无辜的。当年追捧它们的是人类，如今翻脸不认的也是人类。可是再这么下去，海岛独有的生态圈，还有孕育了这个生态圈长达数百万年的进化的历史

---

① 相传曼德拉草被人拔出来的时候会发出恐怖的叫声，听到的人轻则发疯，重则死亡。

都要灰飞烟灭。所以从一九七〇年前后开始，人们在小笠原诸岛启动了山羊扑杀行动。

虽说扑杀是为了保护生态圈，可是从本质上看，这就是"杀死大型哺乳动物"的行为。抵触这项工作的人肯定是有的，也的确有人对扑杀工作提出了非常尖锐的意见。然而，放任不管固然轻松，可我们不能眼睁睁看着进化的历史消失啊。"什么都不做"是维持不了现状的。科学家提倡杀生，一线工作者一身大汗、两手鲜血……我们绝不能忘记"保护环境"这个冠冕堂皇的词语背后有着多么血淋淋的现实。

山羊吹口气，老鼠挣大钱 [①]

扑杀数以千计的山羊绝非易事。好在功夫不负有心人，小笠原诸岛的所有无人岛已经恢复到了没有山羊的状态，只剩下有人居住的父岛了。

在没有了山羊的海岛上，植物已经有了复苏的迹象。这也算是理所当然的结果。把哆啦A梦消灭掉，铜锣烧就能烂大街；把喷嚏大魔王消灭掉，牛肉饼定能实现新时代的繁荣。在山羊帝国统治下销声匿迹的大叶岛紫、大浜桔梗等本地特有植物在

---

① 改自日本谚语"大风吹口气，桶店挣大钱"，意为蝴蝶效应。

海岛各处探出头来。伤痕还是有希望修复的，只是这个过程可能要花点时间。

扑杀的效果同样也体现在鸟类身上。截至二〇〇三年，在根除了山羊的婿岛列岛，黑脚信天翁、褐鲣鸟等海鸟的数量持续增加。它们甚至把繁殖地扩大到了其他列岛。对那些在地面做窝的海鸟来说，到处乱走的山羊肯定很碍事。

然而，摆在我们眼前的现实不全是令人振奋的好消息，因为扑杀山羊带来了预料之外的效果——外来植物激增。

山羊可不是独爱本地植物的"国粹主义者"，它们也吃外来植物，是一点都不挑食的"优等生"。而山羊正是打开潘多拉魔盒的钥匙。

原产于澳大利亚的木麻黄、原产于中南美洲的银合欢……外来植物在一瞬间蔓延开来。才十多年的工夫，木麻黄就把不见了山羊的草地改造成了森林。而且这种外来树种会把大量的落叶铺在地上，有时甚至能形成厚达十厘米的"地毯"。本地植物的种子被这层"长毛地毯"活活挡住，根本无法到达地面。

银合欢是豆科植物，会分泌出一种叫"含羞草素"的化学物质，妨碍其他植物的生长。我们把这种现象称为"植物化感作用"。拜它们所赐，海岛上形成了"除了银合欢寸草不生"的树林。含羞草素还有脱毛的功效，所以也没法拿来吃，毕竟大家都不想变成秃子。

还有榕树、鸡桑、南紫薇……各种各样的外来植物摆脱了食草动物的威胁，涌出潘多拉的魔盒。它们的攻势远超本地植物的恢复速度，领地与日俱增。

从山羊的统治中解放出来的物种似乎不仅限于植物。科学家发现，外来的黑鼠好像也越来越多了。当然，山羊不会在吃蔬菜沙拉的时候顺便吃两口老鼠。要是从钟盒里走出一只白胡子被鲜血染红的小羊羔，大灰狼怕是也得抖三抖啊[①]。

对黑鼠来说，植物的增加就意味着"食物与栖息地变得更多"。竞争者的意外掉队，让老鼠们占尽了渔翁之利，独享丰富的资源。于是它们便取代了山羊，吃起了植物的种子，啃起了枝条，剥起了树皮。

大型真人科学实验

难道扑杀山羊是一个错误的决定吗？如果我们没有扑杀山羊，本地植物定会消失殆尽，只剩下荒芜的大地。这么看来，"扑杀"这个行为本身还是有必要的。

真有需要反省的地方，那就是我们应该在扑杀山羊之前，先解决有可能蔓延开的其他外来物种。如果能做到这一点，也

[①] 格林童话《狼和七只小山羊》，大灰狼闯进小羊家，只有老七因为躲在钟盒里没有被吃掉。

许就能把生态圈受到的影响控制在最低限度了。

从理论上讲，如果某个地方存在多个外来物种，应该先扑杀"受其他物种影响的物种"。也就是说，在"吃别人的物种"和"被别人吃的物种"同时存在的情况下，先扑杀后者的效率更高。无论做菜还是保护环境，关键都在于"顺序"。往红烧肉里加可乐叫"提鲜"，往可乐里加红烧肉就成了不折不扣的恶作剧，道理是一样的。不对，好像有那么一点不一样……反正只要记住"顺序很重要"就对了。

可事情没有说起来那么简单。毕竟在山羊耀武扬威的时候，外来植物受到了压制，还是很老实的。用着纳税人的血汗钱，放着已经惹出大麻烦的山羊不管，跑去打压还没造成问题的其他物种——办成这件事还是需要足够的依据与决心的。

在小笠原诸岛中，把我晒惨了的媒岛被山羊破坏得最严重。岛上的山羊是十五年前扑杀完毕的，然而海岛表面早已化作裸地，水土流失仍在持续，外来植物也在不断增加。

好在扑杀还是有些成果，我们留住了媒岛中央的一小片原生林，海鸟的繁殖分布情况也在好转。此时此刻，我们该做的不是追悔过去，而是详细记录生态圈在扑杀后发生的变化，对未来进行预测。只要充分利用这些经验，应该就能更坚定地去改良今后的扑杀手法了。我之所以一边痛骂T恤衫，一边调查海鸟的分布情况，也是在为后人打基础。

在开展调查的同时，我的"光膀子美黑计划"也顺利推进着，应该晒得够多了。坐船回到有人岛后，我冲了个澡，望向镜中的自己。谁知映入眼帘的竟是个做梦也没有想到的结果。

苍天啊！分界线居然在肚脐眼的上面！

我好像犯了个严重的计算错误。调查时穿的工作裤非常讲究实用性，立档很长，这样才能护住要紧的肚脐，不至于被雷神吃掉[①]。问题是，沙滩裤完全没有要保护肚脐的意思。就是这种"陆海差异"，在黑皮肤和泳裤之间横出了一条毫无防备的白色护腰。这比"建筑工地式晒法"丢人多了好不好！

于是乎，我的计划以"腹部凭空多出一道绝对领域"这个惨不忍睹的失败而告终。

凡事都得先尝试一下，谁知道会是个什么结果呢？我细细品味着大型科学实验的精髓，吸取失败的教训，跟夏天说了再见。

---

① 在日本传说中雷神会吃小孩的肚脐，所以孩子睡觉不穿上衣或光膀子玩耍的时候，长辈会拿雷神吓唬他们。

3 红脑袋的秘密

红头黑林鸽

先从朋友做起

小笠原诸岛有一种叫"红鸽鸽"的鸟。它的学名是红头黑林鸽，"红鸽鸽"是二〇〇八年诞生的昵称。又是红又是黑的，到底算哪边啊？光看名字的确有点乱，其实它是一种漂亮的鸽子，身体漆黑，脑袋色彩鲜艳，闪闪发光。

为什么要给鸟起昵称呢？事出有因。红头黑林鸽明明是小笠原诸岛独有的鸟，岛民们却对它知之甚少。学名的学术性太强，不讨喜，于是便有了这个更加亲切的称呼。

岛民不熟悉这种鸟也是有原因的。"红鸽鸽"原本数量稀少，想见一面都不容易。二〇〇二年发布的《环境省濒危物种红皮书》指出："红头黑林鸽的总数仅为三十至四十只。"这个数字实在有些夸张，应该是估计少了，不过那年的总数的确有

可能在一百只上下。如果是"可以见面的偶像"①，百来个也够了，但红头黑林鸽却行踪神秘，总也见不到。

长此以往，红头黑林鸽一定会在不远的未来灭绝。人类的危机感与焦躁感与日俱增。为了打破僵局，本地的非营利性组织在二〇〇八年一月牵头举办了一场国际研讨会，探讨红头黑林鸽的保护策略。

这绝不是一场流于形式的活动。本地岛民、来自国内外的科研人员、各级政府部门（包括中央、东京都和小笠原村）的负责人、兽医和动物园工作人员……一百二十人齐聚父岛的体育馆，开了整整三天的闭门会议。

会场里没有一个"客人"，每个人都带着主人翁意识参与到激烈的讨论之中。主妇、官员和大学教授平起平坐，各抒己见。场面热络，跟在平底锅里炒菜一样。

现状、课题、对策……尖锐的意见满场飞，讨论趋于白热化。而我是负责推动会议进程的主持人。

"拖延下结论的时间"是行政会议经常出现的情况。就算有人抛出意料之外的提案，也无法当场对预算、人手等方面作出保证，所以"带回去再讨论一下"也无可奈何。但这场研讨会不允许拖延。一旦有人给出对策，就要当场敲定执行人，定好

---

① 日本女子偶像组合 AKB48 的宣传口号。

执行年限，明确责任所在。

这么搞的确有点吓人，可是真要拯救濒危物种，就得有这样的思想觉悟。所谓觉悟，就是在黑暗的荒野中开辟前行的道路[1]。当然，我们的研讨会没有强制遵守的规矩，也没有惩罚措施，有的只是与会者的魄力。所以也会有谈着谈着，大家就叹着气说"真是够了"的情况发生。但是，为了扭转危急的局面，我们必须得迈出坚实的一步。

每个人手头的信息被汇总到一起，输入电脑，构建仿真模型。缺乏食物、森林环境恶化、缺乏运动、缺乏生态信息、中年发福、科普工作不到位……各种问题在讨论中浮出水面。

直言不讳的讨论热烈极了，会议超出了既定的结束时间。大伙儿趁势把会场连带着酒精饮料一起搬进了海边的公园。虽然各有各的立场，但大家的目标是一致的。讨论跨越了领域，保持着滚烫的热度。转眼已是丑时三刻，但研讨会也才刚刚开始而已。不过还是早点休息吧，否则第二天的议程都要受影响。我怀着满腔的热情，准备离开公园。

就在这时，我突然感到自己飘在了半空中。祖母在河对岸招手。头上顶着灯泡的白马在视野的角落一闪而过。

哟嗬，这就是传说中的走马灯啊。

---

① 与下文"真是够了"同为漫画《JOJO 的奇妙冒险》中的台词。

同事后来作证说：

"在你下巴着地的那一刹那，两只耳朵都喷血了，我还以为你死定了呢。"

酩酊大醉的我被公园门口的链条绊倒了，与大地之母盖亚来了个亲密接触。左脑一下子清醒过来，对右脑语重心长道：与其白白出血，还不如去献血呢。我的下巴因此荣获一枚缝了十针的勋章。哎，我想起来了，祖母还硬朗着呢。

大概是酒精跟血一起流掉了吧，没有宿醉真是不幸中的万幸。研讨会没有因为一个不光荣的伤员停摆。拜下颌受伤所赐，我掌握了闭嘴说话大法，将公园的链条命名为腹语师养成链。耳朵还在流血，每一滴都带着心跳的节奏。讨论不断升温，仿佛能将一切烧成灰烬。

在众多课题中，与会者一致选定的当务之急是"对栖息在山区的野猫采取措施"。

山里有许多野猫。它们当然是人类带上海岛的外来生物。人们认为，野猫是威胁鸽子的头号因素。其实很多与会者家里也养了猫，能达成这样的一致，正体现出岛民守护自然的决心。

"小酌怡情，大饮伤身。"

会场的墙上挂着这样的警句。一眨眼，三天过去了，选定昵称是最后一项议程。要保护一种见也没见过的鸟，首先得培养大家对它的亲切感，"红鸽鸽"就是大家投票选出的昵称。有

了新的昵称，明确了各自的责任，大家朝着各自的目标前进，而我却向诊所迈出了坚实的一步。

再和宿敌牵手

　　科学家埋头研究"红鸲鸫"的基本习性。为了改善它们的栖息环境，人们也在努力消灭外来植物。动物园确定了最适合它们的饲养技术，身披手工缝制服装的"红鸲鸫超人"也在村庄出没，进行着科普宣传工作。下巴的伤口渐渐愈合了，行动计划也在有条不紊地实施。

　　当然，最重要的"反野猫措施"也在推进。野猫分散在没有路的森林深处，非常难抓。就算能把山区里的清除干净，要是对养在村里的家猫疏于管理，也会死灰复燃的。我们必须克服困难，山里山外同步管理。

　　抓野猫精锐部队宣告成立。队员们扛着沉重的金属笼子，每天深入山中巡逻。兽医也配合我们给村民养的猫做了绝育手术，植入个体识别芯片。

　　一般来说，要驱除外来动物，人们往往会选择扑杀。毕竟长期饲养抓获的外来动物并不现实，所以扑杀已经成了全球通用的方法，野猫也不例外。问题是，猫比"红鸲鸫"更讨人喜欢。甚至有论文说，在网上看看猫咪的视频有助于舒缓身心，提升工作效

率。尤其是在日本，杀野猫也许会引发舆论的抨击，妨碍驱除工作的进行。再说了，要是不杀生也能解决问题，那当然最好。

在这样的背景下，我们想了一个折中的办法：通过小笠原海运公司，把在岛上捉到的野猫送到内地，再请东京都兽医师协会牵线给它们找新家。多亏了各界人士的大力配合，我们构筑了一套不用杀生也能达到目的的机制。虽然这里只写了寥寥数行，但我们为之付出的巨大心血应该不难想象。

普通人家要是抓到了老鼠，肯定是格杀勿论，为什么换成猫就不行了呢？米老鼠和杰瑞没问题，哆啦 A 梦和 Hello Kitty 就有问题了吗？问下去就没完没了了，只要记住这句话就行：猫这种动物已经完全融入了人类社会，用普通的办法对付它们是万万不行的。

五年多过去了，我恢复到了能张大嘴巴吃美味棒的状态。野猫从父岛的山区消失了，"红鸽鸽"开始显著增加。当然，增加的不是白发，也不是中性脂肪，而是个体数量。

不知不觉中，"红鸽鸽"开始在村里现身了，有越来越多的岛民见到了它们。神秘的鸟儿终于飞回了现实世界。照这个恢复速度，出演乐敦制药的广告也不是没有希望①。不过与此同时，交通事故、鸟撞玻璃窗等问题也来了。不过这也能从侧面说明

---

① 乐敦制药推出的第一支广告中有"无数鸽子在公司大楼上空飞翔"的画面。

个体数量的确在增加。

"我见过红鸽鸽哦！"——小小的优越感没了，这固然有些遗憾，但我们顺利达成了第一阶段的目标。所有参与这项计划的人都切身体会到，只要肯下功夫，生物的灭绝是能够被阻止的。

红是鲜血的颜色，黑是罪恶的颜色

顾名思义，红头黑林鸽长了个红脑袋。看到这儿，大家大概都会冒出这样一个问题：为什么它的头是红色的呢？

红色是"红色彗星"夏亚·阿兹纳布尔①的专利。他驾驶着采用红色涂装的专用机体，是宇宙世纪的红色代言人。一看到他的机体，友军便会士气高涨，而敌军只好诅咒自己的霉运，化作宇宙的尘埃。我谨在此向夏亚致敬，并通过他来探索红脑袋的秘密。

红色机体是夏亚的象征。扎古、魔蟹、勇士……他的历代机体几乎都是红色的，唯独与高达上演最终决战时驾驶的吉翁克是灰色的，在众多青少年心中留下了一个谜。解开红脑袋问题的线索，也许就隐藏在这个谜里。

扎古等红色机体和吉翁克有一个很大的不同点：前者不过

① 动画《机动战士高达》系列作品中登场的重要角色。

是"量产机体的定制款"，后者却是独一无二的试验机体。

涂成红色，正是为了和其他外形相似的量产机体区分开。吉翁克不存在相似款，不需要用颜色实现差异化也能毫无障碍地被识别。所以，红色显然是用于识别的信号。

再将视线转回小笠原诸岛，你就会发现，海岛的鸟类分布记录里还有另一种林鸽的名字——小笠原杂色林鸽。这种鸟是"红鸽鸽"的近亲，也是一身黑的鸽子。我们可以把它比作量产型扎古。

鸟类之所以进化成现在的模样，当然不是为了让观鸟族更容易识别，而是鸟类本身需要辨别"对方是否与自己同种"。无法辨别就很容易生出混血个体，最终对种群产生负面影响。所以当两种形态相似的鸟类生活在同一片地区时，就很容易进化出供双方识别的特征。"红鸽鸽"的脑袋之所以是红色，就是为了从外形上和小笠原杂色林鸽区别开，这么想着实合情合理。

"红鸽鸽"并不是唯一的特例。冲绳有一种叫红头绿鸠的鸽子。都叫这个名字了，脑袋总归是红的吧？可这种鸟有个惊人的特征——它们的脑袋居然不是红的！这名字简直有违反《商品表示法》的嫌疑，但是栖息在台湾地区的红头绿鸠却真是红头的。

台湾地区还有一种酷似红头绿鸠的鸟，名字就叫"绿鸠"[1]，但冲绳没有这种鸟。红头绿鸠只在有绿鸠的地方长红脑袋，而在没有绿鸠的冲绳就不必了。这个现象，和我之前提出的"夏亚扎古假设"完美吻合。

实不相瞒，小笠原杂色林鸽在十九世纪灭绝了，真的变成了传说中的鸟。这恐怕是猫鼠等外来捕食者酿成的恶果。可要是杂色林鸽从来都没存在过，那"红鸽鸽"也许就成了普普通通、顶着黑脑袋的鸽子了。

保护"红鸽鸽"，其实也是在保护"灭绝了的近亲物种确实存在过的证据"。红彤彤的脑袋正是在告诉我们，在环境和其他物种的影响下，耗费漫长的岁月构筑起来的"进化"是独一无二的财富。

---

① 学名"红翅绿鸠"。

4 蜗牛梦幻乐园

栗耳短脚鹎和蜗牛

讨人厌的家伙也能大展身手

粪便和尿液，大家更喜欢哪一个呢？虽然两个都令人割舍不下，但我还是更倾向于粪便。各位读者肯定也是各有所好吧。哎呀呀，光想想都让人热血沸腾啊。

呃，大家千万别误会。我不是变态，别跑啊，至少听我把话说完啊。这是个纯学术话题。

研究鸟类基本靠"观察"。有哪些品种？吃了些什么东西？有多少给红组投了票①？人们在脖子上挂个望远镜，四处寻觅鸟的踪迹，记录观察结果。近年来，重量轻、性能好又实惠的数码相机已经很普及了，可是把鸟的所有行为都拍成照片或视频，

————————————

① 指日本年底的红白歌会。

未免不太现实，所以用肉眼观察依然是最主流的调查手法。

美中不足的是，肉眼没法在事后再一次确认观察结果。今天早上见到的斑鸫吃的是蛟虬还是樋子蛇？我们不可能睡前躺在床上回放自己感兴趣的观察片段。所谓观察，其实就跟在水蒸气后面若隐若现的河童一样，朦胧而虚幻。

相较之下，粪便就是极具吸引力的样本了。毕竟它是实际存在的东西，就摆在你眼前，还能作为证据留给后人。分析粪便的成分，就能搞清那只鸟都吃了些什么。要是有疑点，事后也能重新检验。你甚至可以在情敌分析出的结果里挑刺，公之于众，让他名声扫地，俘获佳人的芳心。

我们还能通过显微镜了解许多其他的信息。只要提取出DNA，便能验明被粉碎的食物的真身。粪便中还有来自消化管道内壁的DNA，所以粪便主人的品种、性别等信息也能查清楚。分析粪便里的化学成分，还能搞清粪便能为土壤提供怎样的营养成分，因为对植物而言，鸟类的粪便是上等的肥料，鸡粪就是最典型的例子。我们甚至能在粪便里找到新品种的寄生虫。几年前，有科学家发现，从虾夷鹿的粪便里长出来的蘑菇是新品种。这件事上了报纸，成了轰动一时的新闻。

没错，粪便就是如此富有魅力的研究对象。

别用冷眼看我

可惜世人大多误解了鸟类的粪便。被误解的可不单单是研究它的意义，连鸟粪的定义都存在一定的误区。

一看到车上沾了白色乳状物，美女司机定会发出一声叹息："哎哟，真讨厌，有鸟屎！"

这句台词是有点海螺小姐 [①] 的味道，但大家别搞错了重点。其实让她烦心的白色黏液不是鸟屎，而是鸟尿。

鸟类的排泄物由白色和黑色的两部分组成。白色的是尿，黑色的才是粪便。看到这里，也许有人会说："反正不都是排泄物么？"你可别不当回事，粪便和尿的生成过程完全不一样。河童和淹死鬼有多大的差距，鸟粪和鸟尿就有多大的差距。

食物被鸟类吃掉之后，会一路通过以嘴巴为入口的消化管道。在这个过程中，养分被逐渐吸收，而没被吸收的残渣则会经由泄殖腔排出体外。总而言之，把食物里的营养绞出来以后，剩下的渣滓就是粪便了。从嘴巴到泄殖腔的消化管道不过是一条贯穿身体的"管子"，跟甜甜圈中间的洞差不多，说它是"体内的外界"也不为过。食物穿过管道便成了粪便，所以粪便其实是食物的一部分。而那些暂时被吸收的成分完成了在体内的

---

① 日本国民动画《海螺小姐》的主人公河豚田海螺，是性格开朗的家庭主妇。

任务之后，会以"废物"的形式经由肾脏排出体外，这就是尿。

不同于人类的是，鸟类的粪便和尿液是从同一个洞口排出的，泄殖腔就是这个洞的名字。所以黑色的粪便和白色的尿往往会被一起排泄出来，掉在一处。虽然混在一起，但两者的来历是完全不同的，这一点大家应该已经能理解了吧？顺便一提，鸟蛋也是从泄殖腔生出来的，所以蛋壳上有时候会带点脏东西什么的。

话说鸟尿为什么发白？因为它的主要成分是尿酸。为了让自己更轻盈，鸟类不会在体内储存多余的水分，所以用含水量低的尿酸排出体内的废物是很明智的做法。另外，还在蛋里生长发育的小鸟没法把尿排到壳外，但尿酸不易溶于水，所以不会污染蛋壳内部的环境。

要是你女朋友发现引擎盖上有白色的污渍，喊道："哎哟，真讨厌……"你完全可以耍一把帅，给她科普科普。

"NO，NO，NO，白色的是尿哦，旁边那些黑色的才是鸟屎，亲爱的。"

"理科生就是不解风情，我受够了！"

也许她会用看毛毛虫似的眼神瞪你一眼，扬长而去。但她总有一天会感激你的。多亏了你，她才不会犯同样的错误，在新男友面前说错话丢大人啊。

哼，勾起了一段不太美好的回忆。

如前所述，分析粪便是研究鸟类的有效手段。但我们不能乱捡地上的鸟粪，因为不知道"失主"是谁，研究是没法做的啊。每次都查DNA锁定失主太费成本了，还是在个体身份明确的状态下采样为好。

鸟类学家经常使用雾网捕鸟。雾网是历史悠久的无差别批量捕捉工具，因为它的性能太强大，在一九七四年上了《狩猎法》（即今天的《鸟兽保护法》）的黑名单。但是"以学术研究为目的的调查"属于例外情况，在保障鸟类安全的前提下，科研人员是可以使用雾网的。遗憾的是，偷猎者非法使用雾网的情况屡见不鲜。偷猎是不行的，绝对不行。

雾网用非常细的线编成，跟网球场中间的网一样，呈长方形。我最常用的是长十二米、高二点五米的款式。把它拉在鸟会穿过的地方，黑色的细丝会融入背景中，鸟一不留神就飞了进去，动不了了。

落网的鸟会排便。不知道是落网时的惊恐和紧张造成的，还是它们想减轻体重，为逃跑做准备，反正鸟都是一落网就拉屎。为此，只要做好准备，把抓到的个体装进纸袋，便能采集到来历清白的样品了。采集完粪便之后，再给苦苦挣扎的小鸟做个全身检查，量一量尺寸，称一称体重，装上脚环，采集些用来检测DNA的血样，最后放生。

粪便就像一盒巧克力，不分析一下，你永远都不知道下一

颗是什么味道。[①] 汤姆·汉克斯好像说过这么一句话。真的检验一下鸟粪，你就会发现它们吃得很杂。植物的种子、蚂蚁的头、蜥蜴的骨头、鱼鳞、鸟的羽毛……不同的鸟有不同的食谱。我们还能通过粪便了解不同季节、地区的鸟吃的东西有什么不一样呢。

没有翅膀的凤凰

事情发生在一个晴朗的下午。我在一条通往小笠原海边的路上采集暗绿绣眼鸟的粪便。突然，我在粪便里翻出了几个新鲜玩意儿：只有几毫米大的蜗牛，微型软体动物。我检查过好几百坨暗绿绣眼鸟的粪便，见到蜗牛还是头一遭。不过鸟吃蜗牛是常有的事，不用大惊小怪。鹭和斑鸫也经常吃，有些鸟甚至会为了生蛋特地吃蜗牛壳补钙呢。

我做的是高尚的鸟类研究，当然认不出这种连五分魂[②]都装不下的微型蜗牛是哪个品种的。于是我就请东北大学的蜗牛专家帮忙鉴定了一下。他给出了两条鉴定结果。

第一，鸟屎中的蜗牛是特雷恩蚤蜗牛、小型吉原蛞螺等平

① 改编自电影《阿甘正传》的经典台词。
② 五分魂出自日本谚语"一寸の虫にも五分の魂"，一寸虫子也有五分灵魂，意为"匹夫不可夺志"。

时很少听说的微型软体动物。第二，壳里的主体部分还在，没有被消化掉。专家说，那些蜗牛就像是被活生生做成了标本一样，刚被鸟类排出体外的时候很有可能还活着。

鸟类吃进嘴里的东西会在很短的时间内穿过消化管道。据推测，鸟类之所以进化成这样，是为了将身体保持在一个比较轻的状态。好比暗绿绣眼鸟吧，不到一个小时的工夫，吃进去的食物就会以粪便的形式排出体外。鸟类不会咀嚼，食物都是整个吞下去的，所以蜗牛只要挺过这一个小时，就能像天功公主①一样生还了。我从没听说过这样的事情，但蜗牛要是真有可能活着穿肠而过，那就相当有意思了，不做实验还像话嘛。

我立刻跟东北大学的师生合作，启动了"天功专项"。实验的地点设在了横滨市的动物园。我们决定让动物园饲养的暗绿绣眼鸟和栗耳短脚鹎吃点微型软体动物，于是准备了五百只冲绳产的蚤蜗牛。这些蜗牛实在是太小了，一只巴掌大的保鲜盒完全够放。它们的生命如此短暂无常，令人泪目。试验方法很简单，把蜗牛掺到香蕉里喂给鸟吃，然后检验粪便里的蜗牛是死是活。

死的，死的，死的……就在大家打起退堂鼓的时候，鸟粪里出现了一个微微颤动的东西。虽然浑身都沾满了鸟粪，但那分明是一只活着的蚤蜗牛！我们的猜想得到了证实，穿过鸟肠

---

① 著名女魔术师，擅长表演逃生类魔术。

的微型敢死队活着出来了。

最终，有大约百分之十五的蜗牛成功生还。其中甚至有一个跟着粪便出来后就立刻繁殖后代的个体。实验结果表明，蜗牛能够借助鸟类移动分散。

蜗牛自身的移动能力很弱。对它们而言，搭鸟类的顺风车是非常有利的。鸟类平时吃植物的果实，而植物以果肉为报酬，换来鸟类为它们散布种子，扩大分布范围。小小的蜗牛选择了和种子相同的策略。

当果实还是当种子？

照理说，鸟类吃进肚子里的动物会被消化掉，一命呜呼。如果真是消化不了的东西，鸟类就不会吃了。"大多数蜗牛被消化，只有一部分存活"——这次实验的结果很合理，因为它证明了蜗牛的食用价值。换言之，百分之八十五的蜗牛成了"果实的果肉"，而活下来的百分之十五扮演了"种子"的角色。

人们本以为蜗牛要进行长途移动，就只能趴在木头上顺流而下、粘在鸟类的羽毛上或是被风吹着跑。通过这次实验，我们发现蜗牛还有一条路可走，那就是搭和皮帕诺爷爷 [①] 一样的

①皮帕诺是《木偶奇遇记》里把匹诺曹做出来的人，为了找匹诺曹一路辗转到了鱼肚子里。

"极限顺风车"。

这样的实验结果让我跃跃欲试。外骨骼坚硬的小型甲虫、蜷起来天下无敌的西瓜虫、在恶鬼的胃里横冲直撞的一寸法师①……我想让鸟类吃各种各样的东西试试看。光是想象一下，都让人热血沸腾啊。

在关注实验进程的时候，人面兽对恶魔人说的一番狠话在我脑海中回响：

"杀生是造孽啊，你说对不对？所以我没有杀生，而是把他们都吃了！"②

被人面兽吃掉的人不会失去意识。他们的脸会浮现在妖兽背后的壳上，受尽折磨。我本以为它是恶魔人世界里最可恶的敌人，可是回过头来想想，作者也许是预见到了"在捕食者肚子里顽强生存的动物"。从今往后，我就管这种移动模式叫"人面兽移动大法"好了。永井豪老师就是厉害，请给我签个名吧！

---

① 日本童话故事中的人物，只有拇指大小，后来变成一位英俊的青年娶了公主。
② 出自永井豪的漫画《恶魔人》，人面兽是外形像乌龟的妖兽。

每天读点实用心理学　第四章

1 哥白尼的陷阱

轮式体操

活泼的老鼠推动全世界

我在家附近的运动中心学过一阵子"轮式体操"。这是一项起源于德国的运动，就是钻进一个巨型仓鼠跑轮，用身体转动它。初学者要在轮子里保持维特鲁威人[①]的姿势，一边缅怀达·芬奇，一边用侧空翻的动作转。

我也没学多久，不会别的花样，只能干滚，生怕轮子"咣当"一声倒下来。不过干滚还挺好玩的，我甚至产生了"以后可以滚去上班"的念头。然而对只会直行的我而言，这是个比天竺还遥远的奢望，能在如来佛掌心转转就不错了。

说起跑轮，谁都玩不过老鼠。二〇一四年，有人发表了一

[①] 达·芬奇在 1487 年前后创作的世界著名素描，描绘了一位男性在同一位置上的"十"字型与"火"字型姿势。

篇关于老鼠跑轮的论文。研究方法是在野外放一个跑轮，看看野生动物会不会来玩，多么有童趣的实验啊。结果真的有野生老鼠跑来玩了好一阵。玩跑轮换不来食物，也不会有人介绍灰姑娘给它们，莫非它们是在减肥？虽说无法排除这个可能性，但是野生动物往往更致力于多吃东西养膘，故意让自己瘦下来，恐怕就无法在大自然中生存了。

实验期间，还有青蛙、蛞蝓等动物光临了跑轮。网上有实验录像，有兴趣的朋友可以搜搜看。看到蛞蝓用蜗牛般的动作慢慢推动轮子的模样，想到平时争分夺秒冲上扶梯的自己，我着实有些难为情。通过这篇论文，我接受了蛞蝓的思想教育，品尝到了"享受专心转轮子"的快感，这才报了轮式体操班。

人类靠旋转超车

在"运动"方面，野生动物有着非常出色的表现，一直是人类崇拜的对象。要是能像鸟儿那样翱翔，像海豚那样悠游，像树懒那样倒挂，那该有多好啊。动物们经过千锤百炼，运动能力总能把人类甩在后头。

仿生也是科技界备受关注的热词。这是一种通过模仿生物的结构与技能，研发出新材料与新结构的学科。比如坐飞机的时候，你可以观察一下窗外的机翼，有些机型的机翼顶端是略

有上翘的。最先设计这种机翼的是美国国家航空航天局，工程师的灵感就来自鸟类飞翔时翻起的翼端。

在野生动物的世界，"效率低"可以和"死亡"画等号。运动性能不如掠食者的会被吃掉，不如猎物的则会被饿死。动物们就这样在敌对关系中大搞"军备竞赛"，不断打磨运动能力。在漫长的进化史中，突然变异造就了动物们形形色色的性状，效率低的个体走向了灭亡，只有效率高的个体存活了下来。经过数亿年的试错，动物们踩在无数实验体的死尸上，不断升级各自的结构，形成了只有短短二十五万年历史的人类永远也无法企及的知识宝库。

然而，人类掌握了"旋转"。

一般情况下，要"前进"就免不了"浪费"。鸟类靠振翅前进，重复抬起翅膀和放下翅膀这两个动作。问题是，有助于前进的只有"放下翅膀"这部分，"抬起翅膀"不过是为下一次放下做的准备工作。动物步行的时候，把脚往前伸，踩在地上，然后再往后蹬，把身体往前推。可是做"伸脚"这个动作的时候，脚是悬在空中的，不产生推进力。自由泳和蝶泳也不例外，一系列的动作里有一半是准备工作。浪费浪费浪费，实在是浪费得可以，搞得我都想让时间暂停，好好教育教育它们了。

相较之下，旋转要优雅得多。用来前进的行为兼具准备动作的功能，没有丝毫的浪费。所以旋转可以实现流畅不间断的前进，

在众多运动模式中，是效率极高的一种，堪称"运动中的运动"。

猛冲的犰狳蜷成一团沿着山坡直线滚落；被狐狸追杀的兔子在雪地里疾驰，滚着滚着就变成了雪球。这样的画面，应该不难想象吧。然而想象终究是想象，野生动物做旋转运动的情况寥寥无几——它们并没有选择旋转这种具有划时代意义的运动。

而人类早在公元前就将视线投向了旋转。旋转运动以车轮、滑轮等形式融入人类的日常生活，这些工具的历史可以追溯到古代美索不达米亚文明时期。那正是人类发明的器械超越自然的瞬间。

很遗憾，像旋转一样流畅的运动在野生动物中极其罕见。正是平时难以品尝到的畅快感赋予了旋转无与伦比的魅力，下至蛞蝓，上至鸟类学家，个个都成了它的俘虏。

就是不肯自己上

往天上扔东西的时候，人类也会巧妙地利用旋转。回旋镖、飞盘、手里剑、曲线球……想扔出一个不旋转的东西反而很难。旋转的物体会产生陀螺效应，离心力会使自身保持平衡，沿着稳定的轨迹飞行。从这个角度看，旋转运动不仅适用于地面，在飞行时也能发挥优势。

在陆栖动物中，鸟类的运动性能是非常突出的。好比䴉吧，飞几百公里是家常便饭，栽进海里能潜到水深五十米的位置，

在岸上能挖出深一米以上的洞穴做窝。虽然蝙蝠会飞，海豚会游泳，鼹鼠会打洞，但蝙蝠打不了洞，海豚飞不起来，鼹鼠不会游泳。海陆空的环境各不相同，必要的运动结构当然也不一样。䴙却能完成横跨三界的"铁人三项"，堪比顽强的运动员。除了䴙，还有很多鸟类会利用纷繁复杂的环境，进行多种多样的运动，它们是一种非常精明的野生动物。

我怀着最后一丝希望，将视线投向鸟类的飞翔动作，可谁都不是转着飞的。白腰雨燕的翅膀长得像回旋镖，说不定它们会打转。我满怀希望，却失望而归。找了半天，竟然只找到了牛头伯劳停在电线上转尾巴玩的画面。身为鸟类原教旨主义者，我真是遗憾得要命。

到头来，我还是没有找到会旋转的鸟。野生动物为什么不转呢？只是因为"没想到"吗？不可能，至少耗费一亿五千万年完成进化的鸟类不可能想不到。我一边做轮式体操，一边让大脑全速运转。眼中的世界也是天旋地转。到底是我在转，还是世界在转？当我在地心说和日心说的夹缝中自问自答的时候，灰色脑细胞[1]悄声道出了旋转运动的弊端：没错，因为世界会跟着转的啊！

鸟类有边走路边点头的习惯。像鸭子、海鸥之类不点头的

---

[1] 即大脑灰质，阿加莎·克里斯蒂笔下的名侦探波洛经常说"动动我的灰色脑细胞"。

鸟也是有的，但要细讲就没完没了了。所以请暂时忘记这些例外，先回忆一下鸡和鸽子都是怎么走路的吧。除了老鹰、猫头鹰等猛禽，大多数鸟类的眼睛都长在头的侧面。要是直接往前走，视野中的风景就会从前往后流动，很不稳定。

因此，它们采取的对策是先伸长脖子，先把头的位置固定住，再把身体往前挪。身体到位以后，再伸长脖子，重复同样的行为。如此一来，除了"探头"的那一瞬间，头的位置是静止不动的，可以长时间维持稳定的视野。也就是说，它们并不是在点头，而是在固定头在空间中的位置。

鸟类是依赖视觉的动物。许多昼行性动物也同样依赖视野。无论是找食物，还是警戒掠食者，视野都发挥着重要的作用。可要是做起旋转运动，景色就会动个不停，视野的稳定性也没了保障。在这种状态下，它们怎么可能发现得了猎物和掠食者呢？保不住小命，运动效率再高也是白搭。这就是野生动物不选择旋转的一大依据。动物不转是理所当然的，人之所以能利用旋转，也是因为人类不是自己转，而是让工具转。

得来全不费工夫

话虽如此，就没有一种野生动物采用"旋转"吗？世上真的存在没有例外的法则吗？说不定有动物在我们看不见的地方

偷偷打转呢。于是，我毅然踏上了寻找野生动物旋转的旅程。

夹在岩石缝隙里的西瓜虫让我大失所望，看到猫咪在暖桌里蜷成一团，我都要对它大声激励一番。可折腾来折腾去，就是找不到旋转的动物。管它是艾雷王的犄角还是古比拉的钻头[①]呢，转一下给我开开眼吧！干脆让怪兽登陆日本算了，这样明天就不用开会了……在一个胡思乱想的秋日，我终于在一条观光栈道迎来了激动人心的时刻。

走着走着，我和停在石头上的凹足寄居蟹对上了眼。它大概是被我吓到了，立刻缩回壳里。说时迟那时快，失去了支点的寄居蟹沿着大石块的侧面滚了起来，从我的视野里消失了！滚动的速度非常快，和直冲老鼠洞的饭团有得一拼。

终于找到了！这就是野生动物的旋转！用高效的旋转创造平时无法实现的速度，一鼓作气逃离敌人的视野，避免生命危险。干得漂亮！太漂亮了！我的旅途终于能画上句号了。谢谢你，寄居蟹。在进军陆地的四亿年里，动物们开发出了旋转运动！

转转转……咔嚓！

嗯？那个撞到石头碎成两半的壳算怎么回事？那个丢下壳逃跑的软弱甲壳动物又算怎么回事？

---

① 艾雷王与古比拉都是《奥特曼》中的怪兽。

寄居蟹毫无计划地旋转，意图逃离人类的视野，却没刹住车，把壳撞碎了。它们好歹也是国家指定的"天然纪念物"……我只是随便走走而已，它的壳也不是我弄碎的，再说碎了的只是寄居蟹借来的壳嘛，又不是主体……错不在我吧……

旋转运动意味着视野彻底丧失，是一种无法控制的鲁莽行为。野生动物没有进化出旋转运动的原因，我总算是亲自领悟了。我的旅程也随着秋风落下了帷幕。

每每仰望秋日的天空，我都会想起寄居蟹。就在我沉浸在感伤中时，好像有什么东西在视野的角落旋转。事到如今，还有什么好转的？

那是一颗一边旋转、一边飘落的枫树种子。种子上长着翅膀，能干扰气流，带动种子旋转。话说回来，热带雨林最具代表性的树种龙脑香、日本的野生植物臭椿、经常被用作行道树的梧桐……它们的种子都有翅膀，都是边转圈边落地的。这样的旋转能延长落地时间，让种子乘着风飘去远处。

真没想到，旋转竟被植物利用了起来。

对动物来说，失去视野的弊端实在太大。但植物本就没有视觉，所以无所谓。人们曾在六千多万年前的地层里找到过枫树的化石。谁都不知道枫树的种子是什么时候学会旋转的，但植物利用旋转的历史肯定远超人类。旋转"运动"这个词让我先入为主了，把寻找范围限定在了"动物"上，真丢人啊。

做研究最忌讳先入为主。我却把这条基本原则忘得一干二净，必须深刻反省。我要吸取教训，不先认定滚轮子上班没有可行性，还是为实现这个目标继续努力吧。得先咨询一下运输局，问问滚轮能不能上牌照。千里之行始于足下，十五公里的通勤路程始于一次旋转。

珍惜"一小步"也是科学家应有的态度。

2 二次元妄想鸟类学，开讲！

现实版"大嘴鸟"

如何开办脑内讲座

肚子饿了，当然要吃点森永的巧克力球。哟嗬，盒子上有只鸟哎！我得仔细观察它的外形，推测它的行为模式。

巧克力球包装盒上的"大嘴鸟"是一种主要栖息在粗点心店的鸟类。不认识它的人也请务必尝尝森永的巧克力球。这款产品是粗点心界的王者，比起歌帝梵巧克力也毫不逊色。大大的嘴巴，大大的眼睛，五彩斑斓的羽毛……大嘴鸟的外观很有特点，但我们对它的行为模式还知之甚少。

话虽如此，生物学研究有着悠久的历史，人们已经积累了大量的知识。尤其是"动物的习性与形态"的关系，已经被研究得很透了。好比老鹰、老虎、鲨鱼这样的掠食者需要攻击其他动物，所以进化出了可以用作武器的尖牙锐爪，但它们没有

保护自己的"盔甲"——对这几种站在生态圈顶点的动物而言，攻击就是最好的防御。它们没必要特意进化出用于保护的身体结构。

而防御结构比较发达的都是生态圈金字塔底层的动物。浑身尖刺的豪猪是弱小的食草动物，全身覆盖装甲的犰狳是吃蚯蚓的胆小鬼，一身扎人铠甲的龙虾是惧怕鲨鱼的美味食材。做一身牢固的铠甲会消耗很多能量，但好死不如赖活着，所以它们才进化出了如此豪华的装备。顺便一提，犰狳的装甲真的很硬，有时甚至能弹开小枪发射的子弹，请大家务必小心。

全身是刺的巨龙在大银幕上肆虐，将主人公推进恐怖的深渊。但巨龙的形态告诉我们，它不过是个惧怕掠食者的弱者而已。《超级马里奥兄弟》里的反派库巴也是一身的刺，味道肯定很不错。勇士们还是别埋头练武术和魔法了，先研究研究生物学吧，这样就能避免很多无谓的杀生了。

让我们把视线转回森永的大嘴鸟。巨大的鸟嘴最适合"把食物整个吞下"的动作，所以它不是抓老鼠和鱼吃的食肉派，就是把果实整个吞进肚里的食草派。不过森永大嘴鸟的主要成分是可可和花生，这么看来，它很有可能是热爱果实的和平主义者。

问题是，它那双圆滚滚的大眼睛朝着正面。一般来说，警惕掠食者需要有开阔的视野，所以那些鸟类的眼睛往往长在头

的侧面。而掠食者的眼睛都长在正前方，这样才能用双眼立体地捕捉猎物的位置。这么一分析，"大嘴鸟吃肉"的可能突然多了几分。

可是，正如大家所知，包括人类在内的灵长类动物也是眼睛冲着正前方的。猴子的进化是为了适应树上的空间，它们极有可能是需要立体地把握树枝等物体的位置，才发展出了拥有广阔视野的双眼。换句话说，就算不是食肉动物，也有可能进化出朝前的眼睛。

大嘴鸟肯定生活在一个没有天敌的地方，不需要时刻保持警惕，平时就吃些树果。它们的栖息地绝对是没有肉食哺乳动物的孤岛——我觉得自己根据"巨大的鸟嘴"和"朝前的眼睛"得出了一个合理的推论。

因为脚趾就在那儿 [①]

我这人特别怕冷，冬天绝不会去野外考察。国民有言论的自由，也有怕冷的自由，所以天一冷我就会在暖桌里自在地窝着。不过窝归窝，鸟类学的能力不能丢。棒球队员每天至少要击球一千次，篮球队员至少要投两万个球，练习是必不可少的。

---

① 句式出自英国探险家乔治·马洛里。有人问他为什么想要攀爬珠峰，他回答："因为它就在那儿！"（Because it's there!）这句话成了经常被引用的名言。

大冬天的，没有比在暖桌里搞脑内鸟类学研究更爽的了。今天在珍藏的零食盒上发现了大嘴鸟，那就以它为素材，开展一场脑内研究吧。

咱们继续往下讲。大嘴鸟有茶色的、黄色的……每只鸟的毛色有些微妙的差异。在西伯利亚繁殖的流苏鹬也是这样。

一到繁殖期，雄性流苏鹬就会聚集起来，形成所谓的"求偶场"。它们争相展示漂亮的羽毛，讨雌鸟的欢心，看对眼的便能结为夫妇。我们不妨想象一下：每年春天，五颜六色的大嘴鸟齐聚草原，翩翩起舞。雌鸟看得心醉神迷，纷纷走向求偶场……在野外，这样的场面无异于自助餐厅，掠食者可以放开肚子，分分钟把你吃到灭绝。这也与我刚才提出的假设——"大嘴鸟生活在没有天敌的孤岛"完全吻合。嗯，越来越有说服力了呢。

然后再看脚。三个趾向前，一个趾向后。这是鸟类典型的不等趾型。"趾"是指代"脚趾"的专业术语。

不等趾型的特征在于拥有朝后的第一趾，也就是"拇指"。如果人的脚上有这样一根脚趾，袜子肯定会破，脚后跟着地也会弄伤脚趾，简直是有百害而无一利。最要命的是，朝后的脚趾会在前进的时候钩住地面，别提有多碍事了。

但是朝后的第一趾有"抓住东西"的功能。人类之所以无法用脚灵巧地抓住东西，正是因为所有的脚趾都朝着同一个方

向。据推测，鸟类的不等趾型脚是专为抓住树枝进化出来的，这双脚非常适合在树上活动。巧了，这双脚也非常符合"大嘴鸟住在树上"的假设。

对鸟来说，脚是和翅膀同等重要的器官，那我们再深入分析一下吧。

鸟类是为了飞翔不断进化的动物，这一点毋庸置疑。然而，它们并不是一直处于飞翔状态的。要飞翔，得有寻找食物、季节性迁徙、躲避掠食者之类的理由才行。反过来说，要是没有这样的理由，鸟是不会乱飞的。

飞翔是有成本的。都怪牛顿粗心大意摇下了苹果，世界才会被重力统治，于是飞翔便成了一件需要耗费能量的事情。在残酷的野生王国中，浪费能量是最大的忌讳。所以鸟类不会闲来没事飞着玩儿。

仔细观察一下野鸟，你就会发现，它们飞翔的频率其实很低。忙着找食物的鸽子一直在地上走，乌鸦站在电线杆上嬉皮笑脸……你去追它吧，它的确会飞走，可一旦飞到你够不着的树枝上，它就会继续休息。"鸟就是飞在天上的动物"不过是一种成见。

不飞的时候，鸟类重点使用的器官当然是脚。翅膀的确是鸟类的象征，但脚才是平时支撑它们的运动器官，发挥着重要的作用。所以，鸟类的脚型都是为了适应不同的生活模式而进化的。

不等趾型是树上居民的典型脚型。麻雀、老鹰、鸽子的脚都属于这个类型。恐龙是鸟类的祖先，但它们的脚趾都是朝前的，这是因为恐龙主要在地面活动。后来，恐龙进化成了鸟类，开始利用树上的空间，于是便进化出了朝后的第一趾。

再后来，适应了树上空间的鸟类又进化出了一批"不上树"的鸟。一下地，第一趾就成了纯粹的累赘。所以，主要在地面活动的鸟类呈现出第一趾逐渐消失的倾向。好比栖息在澳大利亚的鸸鹋，第一趾已经完全消失，只剩下三根脚趾。非洲鸵鸟连第二趾都退化了，成了二趾鸟。如果要拍一部以"未来的非洲"为舞台的电影，请务必刻画进化成一趾鸟的"未来鸵鸟"。

如果你想亲眼看一看下地的鸟长了一双什么样的脚，不妨选择离我们最近的鸭子。它们的脚后跟还留着一根小小的指头，那就是退化了的第一趾。鸭子的第一趾几乎不发挥脚趾的功能，已经沦为"这里曾经有过脚趾"的纪念。海鸥的第一趾也只剩痕迹了。

大嘴鸟在树上生活，这一点已经毫无疑问，完全可以登在官网上。来人啊，帮我打个电话给森永的消费者热线！

不过，大家可别被一本正经的瞎扯淡给骗了。科学家吹牛皮是常有的事。

信仰也不一定能带来救赎

通过对外形的多方考察，我列举了一系列"大嘴鸟生活在树上"的证据，但是上一节的论述不一定可信。当然，我对每个形态特征做的分析基本都是真的，但那不过是一部分事实而已。

以水雉为例。这种鸟也有朝后的第一趾，而且这根脚趾特别长。按刚才的逻辑，这绝对是为了停在粗壮的树枝上而进化出来的形态。问题是，水雉要适应的并不是树上的环境，它们喜欢在莲花叶子上走来走去。可叶子是漂在水面上的，很不稳定，这就需要它们把脚底承受的压力分散开。人在雪地里行走的时候，不是会套个鞋托，防止脚陷进雪里吗？水雉也运用了同样的原理，它们张开特别长的脚趾，以便在脆弱的叶片上行走。出没在泥泞浅滩的秧鸡也有很长的第一趾。

特例不仅出现在"路况不好"的地方。云雀和西黄鹡鸰不仅有普通长度的第一趾，还有和脚趾长度相当的趾甲。它们是经常在地面走动的鸟类。用双脚步行比四肢着地更不稳定，而地面不存在树枝这种需要"抓"的东西，所以它们大概是想扩大脚底和地面的接触面，以提高稳定性吧。

鸟类起初之所以进化出朝后的第一趾，也许是为了适应树上的生活。但是在下地生活的鸟类中，有不少品种把这根脚趾

用在了"支撑身体、提高稳定性"上。

这么想来，我们不能因为大嘴鸟有明显的第一趾就断定人家一定住在树上。说不定它们是为了适应水边的泥泞地面呢？如果大嘴鸟真生活在水边，那大大的鸟嘴肯定是为了一口吞下大鱼才进化出来的吧。眼睛之所以朝前，也是为了准确把握鱼的位置——这分明是掠食者的眼睛。以褐色为主的丰富毛色是保护色，因为各地水边的枯草和土堤都不太一样，只有这样才能巧妙地融入环境，不被掠食者老鹰发现，也免得被鱼看到。在淡水鱼界，能生吞鲇鱼的大嘴鸟就是令人闻风丧胆的大魔王。这个结论和温馨的"树果爱好者"假设形成了鲜明的对比。

我当然不知道哪个假设才是对的。再说了，如果光分析形态就能搞清鸟类的习性，那还有什么必要去野外呢？正因为分析不出来，才需要实地调查啊。真是的，可别小瞧了鸟类学！

所以，搞了半天脑内鸟类学，结论却回到了原点——"习性不明"。

科学家擅长运用专业知识做出看似很有道理的结论。巧妙组合能佐证假设的事例，编出乍看之下很有说服力的故事，有时候真能唬住世人。话虽如此，科学家不一定是抱着恶意瞎编乱造的。有时候，他们也会相信自己编出来的故事，把自己都骗到。正因为如此，我才希望听研究成果的人也能养成"细细斟酌"的习惯，不要全盘相信。骗人当然不好，但防止自己被

骗还是很有必要的嘛。

事已至此，我必须履行身为科学家的义务，调查一下大嘴鸟的野生个体。要是有哪位朋友见到了野生的大嘴鸟，请一定给我报个信。对提供了有利线索的朋友，我双手奉上珍藏的巧克力球。

分析得差不多了，寻找野生个体的任务也甩给别人了，我感觉自己再次满血复活。上网逛了一会儿，却偶然发现了大嘴鸟的动画。搞了半天，原来已经有野生个体的录像了。都怪我一门心思翻论文，却疏忽了对普通信息的探索。

成天闷在象牙塔里，在缺乏常识的状态下任思维暴走，也是科学家的特征之一。科学家的特征都已经交代清楚了，信与不信，这之后就由你自己判断了，请务必多留个心眼儿。

3 冒险家太冒险

小笠原鵟（和黑鼠）

拼过头了

小笠原诸岛地处亚热带，冬天也有蚊子，吵得要死。从字面上看还挺不协调的，不过随着全球气候变暖，或许本州也会迎来"大冬天为蚊子头疼"的一天。就在本州和冬将军激烈厮杀的时候，跑去小笠原诸岛调查的我果然被蚊子咬了。

背点伊蚊、小笠原家蚊……在这种地方，连蚊子都是特有物种。看到蚊子停在上臂，我会有些犹豫，不知道该不该打。这并不是因为它们是特有物种。我向来标榜平等主义，无论身在何处，都一样仇视蚊子。

我脚下是小笠原诸岛中的无人岛——西岛。群岛中还有一座西之岛。两个名字挺像的，但两座海岛毫无共性。无耻的吸血蚊子得吸鲜血，可岛上没人住，那它们平时吸的到底是谁的

血呢？总不会是为了排毒特意过来轻断食的吧？

放眼西岛，重量最大的脊椎动物恐怕是黑鼠。这么看来，蚊子平时吸的很有可能是老鼠血。一不小心拍死只蚊子，我的手上也许会沾满老鼠的血，那也太恶心了……就在我犹豫不决的时候，蚊子已经用完了大餐，不知飞到哪儿去了。可恶，竟敢吸我的血繁衍后代，真不像话。

老鼠不仅是西岛第一大族，应该也是全日本最多的哺乳动物。无论掠食者怎么吃，小小的老鼠也能靠着强大的繁殖力顽强地存活下来。与此同时，它们也是离人类最近的野生动物。

有人的地方基本都有老鼠。老鼠爱死人类了，这当然不是因为人类愿意在迪士尼乐园这样的"老鼠乐园"花钱，也不是因为人类会帮着杰瑞鼠教训汤姆猫。关键在于人类社会产生的食物与环境对老鼠有益。农作物是老鼠的最爱，而且人类的居住地很少有貂、猫头鹰等掠食者出没。有吃的，还没天敌，快活似神仙，跟公共浴室坐在男女浴区中间高台上的收费员有得一拼。

在神话时代，大国主神①多亏了老鼠的指点才逃过一劫。没有老鼠，就没有今天的我们。然而，人类与老鼠的蜜月期已经过去。老鼠总爱往人类社会凑，人类却讨厌极了老鼠。因为老

---

① 日本神话中的神，被认为是创造日本国的神。传说他曾被困于火海，在一只老鼠的帮助下找到求生之路。

鼠会糟蹋农作物，传播传染病，撕咬哆啦A梦的耳朵。早知如此，就该把"在马耳边念佛"① 这句话改成"在马耳边和猫耳边念佛"。老鼠还总是缠着人不放，是有史以来最可怕的跟踪狂。跟着跟着，就随着货物一道上了船，入侵了世界各地的岛屿。

不速之客

山羊、猫、牛、猪、鹿、兔等外来哺乳动物被人类带上了小笠原诸岛。这当然是人类有意为之。

但老鼠是擅自溜上岛的。它们有百害而无一利，却小人得志，染指了小笠原诸岛的三十多座岛屿。小笠原诸岛有小家鼠、沟鼠和黑鼠，分布范围最广的当属黑鼠。

黑鼠多以植物为食，尤其爱吃种子。大型种子更是它们的最爱，几乎要被吃光了。一般来说，种子越大的植物，单株能结出来的种子数量就越少，反之亦然。大型种子的采食效率高，很容易被盯上，于是岛上的植物遭到了毁灭性的打击。我也是个坚果爱好者，做梦都想吃烤过的巨型玉米，所以能理解黑鼠的感受，只是它们觅食带来的破坏过大，对植物的迭代造成了巨大的影响。

---

① 日本谚语，意为对牛弹琴。

黑鼠不光吃种子，还啃枯了小树苗，影响范围极大。由于老鼠是夜行性动物，不会像山羊那样，当着人类的面大快朵颐，所以它们的影响非常隐蔽。问题是黑鼠还很擅长爬树，连树上的种子都吃，严重影响了新生代植物的成长，加重了岛上植物的少子化。更可怕的是，黑鼠的口味说变就变，有时候会突然袭击起动物来。

小笠原诸岛还有一座名字特别没有技术含量的无人小岛，叫东岛。在这片以海鸟著称的群岛，东岛是首屈一指的海鸟繁殖地，数千对鹱在岛上繁衍后代。但是从二〇〇五年前后开始，东岛的情况变得有些不对劲儿——人们在岛上发现了数百具褐燕鹱的尸体。这是一种体形较小的鹱。死鸟身上分明有老鼠的牙印。

海鸟的翅膀一般都比较长，适合滑翔，长途飞行是它们的看家本领。可是它们并不擅长突然扑扇翅膀原地起飞。而且鹱有打地洞做窝的习惯，要是有老鼠钻进了鸟窝，它们根本无力反抗。假设你有个像女白领的邻居，平时爱吃水果。谁知有一天，她突然改吃肉了，朝你扑了过来……这简直是《生化危机》的剧情啊。

再这么下去，海鸟就要灭绝了。为了保护深陷危机的海岛，我们决定立刻灭鼠。其实我是想请《生化危机》的主演米拉·乔沃维奇上岛跟老鼠肉搏的，只是情况实在紧迫，由不得我开玩笑。

灭鼠重在根除。老鼠靠超强的繁殖能力立足，一年能生好几窝，数量以几何级数增长。假设一对老鼠每年生完二十只小老鼠就死掉，个体数也会以每年十倍的速度飙升。据测算，要是没有完全根除，剩下十只老鼠，那么只消三年的工夫，种群便能恢复到一万只的水平。

东岛虽小，却也有二十八万平方米的面积。假设保护伞公司的爱丽丝·阿伯内西①的体表面积约为一点七平方米，那一个东岛就相当于十六万五千个爱丽丝，丧尸看到这个数字都要吓掉下巴。而且岛上有很多难以直接靠近的地方，比如山崖和茂密的树丛，用陷阱诱捕未免不现实，所以我们选择用直升机在空中喷洒灭鼠药。

灭鼠药的有效成分叫"敌鼠"，听起来有点像特摄片里的角色名。它能让老鼠内出血死亡。由于这种药对老鼠以外的哺乳动物同样有效，濒危动物小笠原狐蝠吃了也有一命呜呼的危险。所以，为了不让狐蝠上岛，我们在喷药之前铲光了它们最爱吃的龙舌兰。一般情况下，"敌鼠"对鸟类的影响很小，但有些种类的鸟吃了也有可能丧命，而维生素 K1 可以有效缓解中毒症状，所以我们也准备好了相应的急救设备和资材，以备不时之需。

---

① 《生化危机》中米拉扮演的角色的名字，保护伞公司是虚构的商业巨头。

二〇〇八年八月，直升机投下三百千克灭鼠药，成功消灭了岛上的老鼠。东岛的海鸟种群已经呈现出了飞速恢复的倾向。

这是一个幸运的成功案例。"在海鸟灭绝前发现了老鼠造成的影响"正是制胜的关键。可惜许多海岛的小型海鸟在我们发现之前就已经消失了。遭殃的不单单是植物与海鸟——在父岛、兄岛这些名字有男人味的岛屿，小笠原蜗牛、蛞蝓等稀有的蜗牛也成了老鼠的盘中餐，濒临灭绝。小鸟在树上做的窝也遭到了袭击。

用药灭鼠常会引发争议，但是考虑到可能被老鼠断送的生命，考虑到未来的物种多样性，推进高效灭鼠还是势在必行。

恶徒的悖论

老鼠的确是祸害，但它们同时也在生态圈里发挥着重要的作用——为小笠原鵟提供口粮。这种鸟是小笠原诸岛特有的鹰科猛禽，它们平时的食物里有一半是老鼠。所以老鼠一旦从岛上消失，小笠原鵟就要饿肚子。在我调查的西岛，老鼠被消灭干净之后，小笠原鵟也不见了。其他无人岛也不例外，小笠原鵟的繁殖成功率在灭鼠后明显下降了。对这些鸟来说，失去老鼠的打击是巨大的，跟缺了面粉的大阪烧一样令人难以接受——因为那就是普通的炒蔬菜啊！

小笠原鵟是《文化遗产保护法》指定的"天然纪念物"，同时也是濒危物种。换句话说，要保护鵟，老鼠是必不可少的动物。在这样的状态下消灭老鼠，难保鵟不会受到波及，跟着灭绝。事情发展到这个地步，总不能因为老鼠死了就振臂高呼万岁吧。

　　玛丽·安托瓦内特留下一句名言：没有老鼠，为什么不吃蛋糕？^①可惜无人岛上压根儿没有蛋糕店。那么问题来了：鵟在老鼠入侵之前都吃什么呢？

　　我们可以在海鸟的繁殖地找到答案。低头望去，地上散落着被鵟啃得四分五裂的海鸟尸体。小型海鸟的尺寸作为食物正合适，鵟经常抓来吃。如前所述，小笠原诸岛本来有很多海鸟，但是拜老鼠入侵所赐，很多地方的海鸟都灭绝了。总而言之，因为海鸟消失，鵟才把老鼠当成了替代品。

　　对鵟来说，老鼠既是食物，又是跟它们争夺"小型海鸟"这种食物的对手。老鼠吃光了"蛋糕"，于是就代替"蛋糕"进了鵟的肚子……事态的发展颇有些因果报应感，仿佛《伊索寓言》中的故事。

　　老鼠没了，鵟的确会遭遇粮食短缺的问题。不过老鼠一旦消失，鸟类的数量肯定会增加。这样一来，鵟就算没有老鼠吃，

---

①玛丽是法国国王路易十六的妻子，以奢靡著称，原句是"没有面包，为什么不吃蛋糕"。

也能吃海鸟或陆鸟，应该不至于灭绝。只要在恢复鸟类种群的同时开展灭鼠工作，大概就能勉强过关了。

某种生物一旦融入生态圈，并且在生态圈里承担起某种功能，消灭它就一定会引起副作用。老鼠虽然讨人厌，但我们也得认真解读它们在生态圈里扮演的角色。

会游泳的老鼠

"灭鼠"说来轻巧，可实际操作并没有那么简单，因为老鼠有短距离游泳的能力。好比黑鼠就能游过一公里的海面，登上隔壁的小岛。老鼠明明是意外闯入小笠原诸岛的外来物种，分布范围却扩大到了今天的地步，关键就在于它们超强的移动性。

二〇〇七年，人们在西岛开展了灭鼠行动，同年宣布老鼠已被根除。谁知到了二〇〇九年，老鼠又出现了。于是西岛在二〇一〇年又灭了一次鼠。没想到，老鼠在二〇一三年又杀了回来，逼得人们不得不在二〇一六年十一月进行第三次灭鼠。

老鼠为什么"野火烧不尽，春风吹又生"？也许是因为灭鼠不够彻底，有少数漏网之鱼在岛上繁殖了起来。可是正因为老鼠特别能繁殖，如果岛上真有幸存者，很可能两年以内就再次发现老鼠了。但二〇一三年那回，距离灭鼠足有三年以上的时间，因此，我们无法排除新的老鼠来自岛外的可能性。

西岛距离老鼠高密度分布的父岛只有 1.8 公里，让神话中的巨人大太法师出马，走个十步就到了。就算我们能把西岛的老鼠消灭干净，也无法杜绝其再次入侵的隐患。问题是，父岛有两千多人居住，面积足有 24 平方公里，要根除老鼠谈何容易，人们至今没有找到大获全胜的方法。

电影《生化危机》系列有一个基本套路：丧尸爆发→爱丽丝出马→花两个小时灭掉丧尸→打下一关再打下一关……大家可别觉得这种事情只会发生在游戏世界里，对参与灭鼠工作的人来说，这些电影拍得特别真实，让人回想起噩梦般的现实。只要在看电影的时候在脑子里把丧尸替换成老鼠，生化危机便成了"老鼠危机"，保你身临其境，尽情感受小笠原诸岛的风情。

4 装死的美好生活

新鲜度嘛……

装死的科学

"'见到熊就装死'这样的说法简直荒唐，一点都不科学。遇到这种情况千万不能慌，最妥善的方法是保持姿势固定不变，慢慢往后退。"

春天一到，"森林里的熊先生"便会从冬眠中醒来，开始在山野里奔跑。与此同时，采山菜的俊男靓女也忙着在山林中奔跑。双方相遇的概率瞬间飙升，于是人们就只能在花朵盛开的林间小路逃之夭夭[1]了。

每逢熊出没的季节，我们总能听到本节最开头的那段话。这时就必须先思考，究竟何为"科学"。一般来说，在科学层面

---

[1] 出自日本童谣《森林里的熊先生》。

得到证实的事情总归是比较可信的。虽然我这个级别的科学家还是会无条件地盲目相信"白衣天使"的言论，但我也不是不知道"科学"必须满足的重要条件是什么。

在自然科学界，人们最关注的莫过于"可证伪性"和"可再现性"。所谓"可证伪性"，就是说"你想证明的某件事可以被证明是错的"。能否满足这一点，是某个观点能否获得科学可信性的重要条件。

举个例子：我在夏威夷的海滩见过美人鱼。即使我看到的只是套着比基尼的上半身，没有看到极具鱼类特征的下半身。但我坚信，那么好看的只可能是美人鱼。

可我的朋友们说，他们没见到美人鱼。也难怪啊，毕竟美人鱼很害羞，只有天选之人才能一睹芳容。

我们无法用科学的方法证明"这种对象不存在"。要是能找到美人鱼，那问题就解决了。可要是找不到，见过的人肯定会说："美人鱼是存在的，只是你看不到罢了。"双方各执己见，争论不休。

换句话说，我能证明"美人鱼存在"，却不能证明"美人鱼不存在"。"世上有美人鱼"这个假设没有可证伪性，所以我们无法从科学的角度进行探讨。

所谓"可再现性"，就是"只要凑齐相同的条件，就一定能得到相同的结果"。再举个例子：如果我说"科学证明，美人鱼和我邂逅就一定会一见钟情"，那就意味着，我们无论邂逅多少

次都会坠入爱河。即便转世投胎，我们也能终成眷属。

虽然这两个条件不一定总能完全成立，但是请大家姑且记一下吧。

不想死就得装死

"见熊装死大法"为何广为流传？源头就在古希腊"博物学家"伊索[①]出具的报告里。报告仅此一例，并没有进行过科学验证。这份报告里还有很多耐人寻味的观察结果，比如蚂蚁会为即将到来的冬天储备粮食、蝈蝈会拉小提琴等等[②]，有机会的话不妨一读。

我好歹也是个标榜科学的动物学家，深感自己有责任重新探讨一下这个从未被验证过的装死大法。没有知识储备的人撞见熊肯定会惊慌失措。要是与如此狼狈的行为相比，装死的存活率更高，那我们就可以说"装死也是有效的战略之一"。

乍看之下，装死和瞎胡闹没什么区别。毕竟这意味着在敌人面前放弃抵抗，暴露自己。然而装死有着悠久的历史，西尔维斯特·史泰龙就在前线用过这招。他的伟业也传遍了自然界，

---

① 古希腊著名文学家、哲学家，此处称他博物学家是诙谐的说法，将《伊索寓言》当作科学报告。
② 均出自《伊索寓言》中的《蚂蚁和蝈蝈》。

引得野生动物争相效仿。

最出名的例子莫过于主要分布在北美洲的北美负鼠了。在掠食者迫近的时候，它们总会装死。蜷起身子，跟木偶似的瘫在地上，舌头耷拉在嘴巴外面，活脱脱一副"吐舌头卖萌"的表情。甚至会有绿色液体流出肛门，浑身散发出腐臭，连心跳都会变慢。

英语中有一个表示"装死"的固定搭配——play possum。北美地区管负鼠叫 possum，这个词组的字面意思就是"装成负鼠的样子"。负鼠的装死行为就是词源。

在掠食者面前装死，不就等于把自己拱手送到人家嘴边吗？如果你是嘴上嚷嚷着"不要不要"、心里其实挺乐意的小妖精，用这招也未尝不可。但是，一倒下就真成了人家的盘中餐啦……不过别急，现在下定论为时过早。

自然界有形形色色的食肉动物。有袭击活物的狐狸，也有吃尸体的秃鹫。对活着的负鼠来说，爱吃活物的掠食者是最可怕的。遇到这种家伙，扮演腐败的尸体能让对方误以为自己没有作为食物的价值。

随着时间的推移，尸体会逐渐腐败、变质。分解死尸的细菌往往会分泌毒素。安第斯神鹫等习惯吃死尸的动物进化出了针对毒素的抵抗力，但是对普通的掠食者而言，毒素应该是有害的。所以，在掠食者面前模仿腐败的尸体，可以有效降低自

己作为食物的价值。

扮演尸体可不是负鼠的专利。猪鼻蛇属的蛇会散发尸臭装死。日本的貉和獾也会装睡。有报告称，巴西的短头蟾科动物会闭上眼睛，四仰八叉躺在地上，装出自己死得很痛苦的样子。日本有句老话叫"送到嘴边不吃是男人的耻辱"。但丢人就丢人吧，反正打死我也不吃这种死得不明不白的青蛙。总而言之，"装死"是许多动物采用的生存战略之一。

不死鸟传说的真相

当然，我们的鸟类也用上了这个法子。鸡是最典型的例子，一旦背朝下受到压迫，它们就会进入假死状态。有些鸟更夸张，还没翻过来，身子就僵了，一动不动。

开展捕捉调查的时候，我经常需要给鸟测量身体数据。不顾对方苦苦挣扎，擅自测量身高体重……要是对人做了这种事，那可太无耻了，我怕是会被直接送去恶魔岛监狱，连法庭都不用上。用游标卡尺或普通的尺子测量翅膀和鸟嘴的长度还是比较简单的。如果是小鸟，就用左手包住抓好，把要测量的部位留在外面，再用游标卡尺测量即可。

称体重就有点麻烦了。用手抓着称肯定不行，只能把鸟装进袋子之类的东西里，然后放到体重秤上。有时候鸟会在袋子

里上蹿下跳，称不出稳定的读数，气得我直骂。有时候鸟会透过袋子的缝隙逃跑，我只能看着它们的背影感叹。不管怎样努力，测量工作还是那么艰辛，反正每个环节都很费事。

不过有些鸟特别体贴我们科学家，只要背朝下轻轻一放，它们就乖乖不动了。好比翠鸟，一旦被仰面静置，便会全身僵住，合上的翅膀垫在身体下面，纹丝不动。这当然不是因为它们中年发福，行动不便。毕竟把其他鸟摆成同样的姿势，人家肯定会立刻扑扇翅膀飞走的。除了翠鸟，还有几种鸟会做出同样的反应。生活在某些地区的栗耳短脚鹎和暗绿绣眼鸟，也有一部分会进入这种"假死状态"。

无论是鸡还是别的鸟，再怎么睡不着觉，也不至于主动仰面朝天，用难看的姿势酣然入睡，可它们竟然进化出了这样的行为模式。这让我们不得不怀疑，掠食者是很重要的原因。

被老鹰、狐狸等掠食者袭击的鸟类难免会拼命反抗。正所谓狗急跳墙、鼠急咬猫，鸟急了也会咬老鹰的。话虽如此，让翠鸟跟苍鹰单挑，还是毫无胜算。为了彻底了结猎物的性命，掠食者会瞄准要害攻击。拼命抵抗无异于火上浇油，愚蠢至极。而猎物一旦停止反抗，就意味着掠食者取得了胜利。照理说，猎物会成为不会动的食材，不需要一直按着。

于是掠食者便放松了警惕。制胜的良机就在这一刹那——猎物必须趁敌人误以为自己已死，放缓攻势的时候飞速开溜。

这的确是在搏命，但"世上有会装死的鸟"这一点能从侧面证明"装死是有执行价值的手段之一"。鸡的假死状态是由"仰面压迫"触发的，足见掠食者正是这种行为的成因。被猫抓住的鸽子或其他小鸟用这种方法逃生的画面在生活中也很常见。

凤凰是传说中的"不死鸟"，飞入火中也能死而复生。这种行为和"假死的鸟苏醒过来，振翅飞走"颇有几分相似。古人说不定是因为观察到了野鸟的假死行为才创造出了不死鸟传说，这个假设还是很有说服力的。但重生的凤凰终究是"死"过一回的，说它们是"不死"鸟好像不太严谨，充其量不过是僵尸罢了。

是真是假

如果装死并非彻头彻尾的自杀行为，而是置之死地而后生的最终手段，那"撞见熊的时候装死"也许就不是单纯的伊索寓言了。接下来，我会结合研究熊的同事贡献的专业知识，再深入分析一下这个问题。

栖息在本州以南的黑熊是爱吃素的杂食性动物。果实、菌类、橡子、嫩芽……看上去好吃的植物都不会错过。它们有时也会攻击蜜蜂、小型哺乳动物什么的，死尸也吃。哺乳动物的

口味偏好往往存在个体差异，熊也不例外。

爱吃素的熊应该不太会把人当作食物进而攻击。只是，"在山里偶然见到人的熊"和"在路口跟人家撞个满怀羞红脸开启一段爱情故事的女高中生"不一样，要是人的反应太大，熊说不定会因为受惊发起攻击。如果你遇到的是这种个体，装成没有敌意的尸体倒也不至于完全不奏效。

然而，如果你遇到的是尝过死尸的熊，就没那么容易过关了。也许有熊碰巧在野外发现了梅花鹿的尸体，被营养丰富的"野味"激发了美食家之魂。在这种熊面前装死，那就只有后悔的份儿了。

总的来说，我通过思维实验推导出一个假设——装死可能对某些熊有用。装死貌似是有效手段之一，但眼下我又回到了原点，还是犹豫，不敢向大家大力推荐这种方法。要从科学的角度证实这个假设，最好的方法就是把慌张的人和装死的人分别丢到性格各异的黑熊面前，比较一下两组人的生存率。我毕竟只是个鸟类学家，具体的实验还是让研究哺乳类的科学家去做吧。

请大家牢记，科学家要想从科学的角度判断一个假设成立与否，就得下定决心，把实验做到这个地步。语言是有灵力的东西，轻视"科学"这个词就是对这种灵力的亵渎，这样的人总有一天

会被科学无情地背叛。不过言灵^①只会出现在天选之人面前。也许有人不相信它的存在，但我敢拍着胸脯说，它就在那里。

① 最早出自日文，日本人认为语言中有一股神秘强大的力量，可以祝福和诅咒。

第五章　每天学点无师自通

1 热带雨林的逛法

一切从学外语开始

我和上司看着桌上的五人份套餐，一筹莫展。大意了。这里不是日本，而是横跨赤道的东南亚岛国——印度尼西亚。

印尼的物价比日本便宜很多。十多年前，我经常来印尼调查，在地方小镇美餐一顿有时候只需要不到一百日元[①]。虽然我也见到过印尼学生因为店老板放了太多辣椒而火冒三丈的场面，但大部分印尼菜还是很合我胃口的，让我大饱口福。

话虽如此，爪哇岛西部的首都雅加达终究是大城市，物价也高，有些餐厅的价格几乎跟日本差不多了。一天，我跟上司进了一家小餐馆，看着菜单随便点了五个菜。虽然我的调查地

---

① 约合人民币六元。

在婆罗洲，但是为了申请调查许可，入境后和临走前都需要来雅加达报道。

那时我俩还没来过印尼多少次，对印尼语一窍不通。看上去很和善的印尼店员，则是英语跟日语都不会说。所以两边鸡同鸭讲，根本沟通不了。菜单上的标价挺便宜，我便认定那是单点的价格，却没想到都是套餐，真是损失惨重。

店员肯定提醒过我们，我们也肯定用笑容回答了他没问题。语言不通也能靠真心沟通，不过是银幕中的幻想。我从小就被教育"粒粒皆辛苦"，端上桌的饭菜是一定要吃光的。上司的年纪比我大，怕是指望不上了。我面带微笑，眼噙泪花，本着不能浪费的精神，消灭掉了四人份的套餐，值得嘉奖。

都说日本人的英语不好，可印尼人也有许多"不善英语主义者"。两国之所以能保持良好的关系，这方面的同感肯定也是原因之一。我这人天生器量小，每次在日本有外国人理所当然地用英语跟我搭话，内心的黑暗便会蠢蠢欲动。入乡随俗懂不懂？既然来了，就要用当地语言交流啊！我想起了那个一边假笑一边暗骂的自己，在"小餐厅撑死事件"之后学了几句磕磕巴巴的印尼语，埋头于调查工作之中。

敬启 南国森林的日常

我的调查地是婆罗洲东南部城市巴厘巴板近郊的森林。这一带以保护区的原生林为中心，伐木后形成的次生林、人工林、草地和农地如马赛克一般镶嵌在四周。我和印尼科学院、本地大学的科学家一同来到这片地区，着手调查当地的鸟类。

为了准确把握森林中鸟类的物种多样性，我们开展了捕捉调查。一行人每天坐车穿越坎坷泥泞的土路前往调查地。架起雾网抓鸟，装好脚环再放生，旨在分析森林结构的差异对鸟类相产生的影响。

我们使用的雾网比较大，有十二米宽。架在鸟的必经之路上，就会有鸟自投罗网。装雾网之前得先把树下的杂草和灌木砍掉，开出一条小路。我用的是从日本带来的柴刀。刀刃大概三十厘米长，是很标准的尺寸。

印尼的柴刀叫"帕兰"，刀刃足有日本柴刀的两倍。据说印尼人还会用汽车的板簧之类的自己锻造帕兰呢。

"你们的柴刀为什么这么长？林子里的空间这么窄，不碍事吗？"

"太短就够不着对方的喉咙了呀。决出胜负后，把对方的头发割下来装饰在刀柄上，非常时髦哦。"

这说的是古代吧？我的柴刀是"调查工具"，可他们的帕兰是"武器"，难怪差这么多。还有，别拿着帕兰站在我后面成吗？

印尼和日本有很多不一样的地方。在日本，树高有二十米的树林就会被誉为"壮观的乔木林"；可是在热带森林，五十米以上的树也不稀罕，能跟初代哥斯拉的身高匹敌。让蜗牛从地面往上爬，怕是爬到半路就要世代更替了。地面与树顶离得那么远，自然会发展出不同的生物相。所以我们会选几处关键位置，搭设专门用来调查树冠的高塔。塔是木头的，每踩一步都嘎吱作响，梯子的踏板也是烂的，极尽刺激。特地跑去游乐园玩惊险项目的人不如来热带做研究，合适得很。

印尼的森林规模宏大，物种当然也多。日本的概念在这里是行不通的。

日本的鸟种类少，还特别规矩，每种鸟都乖乖栖息在自己该待的地方。树莺在灌木丛里嬉戏，大山雀在枝头吃虫子，黄眉姬鹟在空中抓飞虫，绿啄木鸟在树干上凿洞。虽然大家生活在同一空间，但各个物种通过"利用不同的资源"实现了共生。我们把这种现象称为"生境分离"。在资源稀缺的地区，生境分离就是《一碗阳春面》①式的美谈了。

但热带的生产率很高。植物们沐浴着取之不尽、用之不竭的璀璨阳光，一刻不停地进行光合作用。这里一年到头都很暖

---

① 日本当代作家栗良平创作的感人故事，讲述了母子三人每年都在大年夜去一家面馆，但只点一碗面，三个人分着吃，面馆老板夫妇每次都悄悄为他们多加的分量。

和，所以植物没有必要在冬天停止生长，枯木的分解速度也很快。果实和昆虫要多少有多少，吃这两样东西的鸟也不知饥饿为何物。这就形成了若干种相似的鸟生活在同一片区域，却没有出现生境分离的状态。热带的森林让我深刻体会到，只在日本埋头钻研无异于坐井观天。

印尼森林里的物种就是如此多样。蝙蝠、老鼠、松鼠、峨螺……栽进雾网的动物实在太多了，烦不胜烦。某天，一只拇指大的蜜蜂被网缠住了。当时我被酷热的天气折磨得疲惫不堪，一不留神竟被蜜蜂蜇了，只能一边说我所能想到的最难听的骂人话，一边吸出伤口的毒液，净化身心。在处理伤口的时候，我随口跟学生们说道："蜜蜂的幼虫在日本是可以吃的哦。"

学生们顿时坐不住了，把鸟忘得一干二净，专心找起蜜蜂，一看到蜂巢便发动突袭。他们单手拿着蜂巢、面带微笑、大口大口吃幼虫的模样洋溢着一种莫名的自豪感。这些年轻科学家的未来一定是光明的，因为他们有出色的治学精神，懂得在获取新信息之后立刻进行验证。

虽然雾网捕捉到了多余的动物，但我们抓到的鸟也在稳步增加。发现网里有毛色华丽、极具热带特征的鸟时，我们自是热情高涨。上百只鸟集体栽进来时，我们又劳累不堪。同时抓到小鸟和袭击小鸟的老鹰时，我们还能体会到一网打尽鹬蚌的渔夫的心境。虽然在森林里发现非法伐木的痕迹时，心情难免

会有些郁闷，但好在调查的每一天都非常充实，给了我很多在日本国内不可能积累到的经验。

述说世事本无常 [1]

为什么？我的眼前是一片茫漠的焦土。咦，难道是我穿越回战国时代了？半年前，这里明明还是次生林啊。嗯，看来我的调查地已经云消雾散了。森林好像变回了二氧化碳和水，离开了我的认知世界。

很多电影会在一开始吊足观众的胃口，一旦第一个爆点出来，高潮就纷至沓来。我本以为这种剧情只会发生在虚构的世界里，其实不然。意料之外的变化一个接一个在我眼前上演……

人工林的调查地突然变成了咖啡农场。原生林的调查地被非法挖煤队搞得一塌糊涂，治安明显恶化，沦为禁区。这就是在印尼开展野外调查的"乐趣"所在。

东南亚的热带森林面积正在急剧减少。婆罗洲的森林覆盖率在一九五〇年前后超过百分之九十，现在却跌破了百分之五十。日本则在二十世纪六十年代以后一直保持在百分之七十左右，放眼全球也是首屈一指的。这么一对比，就能切身感觉

---

[1] 标题出自《平家物语》的第一句话："祇园精舍钟声响，述说世事本无常。"

到东南亚森林的减少速度有多快了。

非法采伐林木、粗放的刀耕火种、开垦农田、开采煤炭……这些都是森林减少的原因。我也亲眼见到了这些现象。不法分子往往会挑优质树种砍伐，而不是整片砍光，所以非法采伐本身并不会造成森林面积的减少。问题是，这些人会为了砍伐专门开路，使深入森林更加方便，于是其他违法行为就更容易发生了。

当然，森林里是有护林员巡逻的，一旦发现非法烧荒、开采等行为就会进行查处。可森林那么大，发生在林子里的违法行为那么多，护林员却很少。他们就像追着鲁邦和他的小伙伴满世界跑的埼玉县县警一样，心有余而力不足。

我在印尼只调查了短短五年，时间有限，调查地也只有几处，却见到了导致森林面积减少的各种情况。我深刻感到，冰冻三尺非一日之寒。

包括印尼在内的东南亚地区和日本的鸟类有着密不可分的联系。因为日本春夏两季的候鸟，即夏季候鸟，都是在东南亚过冬的。让初夏的树林变得分外热闹的灰山椒鸟和紫寿带鸟、在夜里发出"嚯——嚯——"叫声的鹰鹃、我的研究对象鹎……东南亚是各种鸟的越冬地。

在二十世纪下半叶，研究人员发现在日本繁殖的各类夏季候鸟都在减少。但与此同时，一年四季都在日本生活的鸟却没

有呈现出显著减少的倾向。由此可见，很有可能是越冬地森林的减少与迁徙途中的滥捕对它们产生了影响。为了保护日本人最爱的鸟，光在国内开展保护活动是远远不够的。

话虽如此，只是高呼"保护热带森林"也没法扭转事态。要消灭不断诞生的异形，必须先打倒异形皇后，掐灭源头。逐个击破是万万行不通的。

热带森林减少的背后隐藏的是经济问题。无论在哪个国家，违法行为都伴随着极大的风险，能不冒险当然最好。然而，没有足够的就业机会，没有足够的钱，自己跟家人都得喝西北风。在这种局面下，人们不得不把"利用森林"纳入选项。

我们生活在一个形似同心圆的世界里。圆心是"个人"，外面围着"家人"，再外面是"社会"，然后是"国家"，最后才是"自然环境"。压力自外向内传递，要是内侧不稳定，外侧也难以维持。

如果社会僵尸泛滥，那么"生存"就成了首要任务，谁还顾得上保护环境呢。为了拯救快要饿死的家人，就算眼前是濒危物种的最后一只，你也一定会把它抓了吃，换得一刻的安适。只有在经济和治安相对稳定的社会，人们才能放心地推进环境保护事业。

虽然媒体总把"经济萧条""大形势不好"这样的关键词挂在嘴边，但日本无疑是个很富有的国家。对"撑死事件"的回

忆让我深刻体会到，支撑着低廉物价的经济结构，迟早会引起全球性森林面积减少，当然也伴随着"调查地消失"等现象。

全球有百分之二十的温室气体排放是因为毁林和森林退化。世界和平与经济稳定才是生态保护事业的基础。

2 异形综合征

画眉鸟

来自世界各国的"你好"①

我得了"突发性卡尔综合征",出差去小笠原诸岛调查的时候,严重发作了一场,静养了一阵子也不见好。这下麻烦了。好想吃明治的卡尔粟米条啊!

我爱卡尔粟米条,爱到脑髓都要麻木了。喜欢的口味当然是芝士味。粟米条里的气泡在口腔上颚一个个破裂的感觉真是妙不可言。为了缓和症状,我只能每天调查结束后去商店报到,采购粟米条。这也算是治疗的一个环节。

明治卡尔粟米条堪称粗点心柜台的瑰宝。它的主要原料是玉米,而玉米是原产于中南美的外来物种。送女孩子的红玫瑰

---

① 标题为 1970 年大阪世博会的主题歌歌名。

原产于欧亚大陆东部，在女孩子膝头蜷成一团的小猫咪原产于中东。牛、鸡、稻子、小麦……这些东西在日本都是"外来物种"。离了外来物种，现代人就没法过日子了。

与此同时，我却夜以继日地与外来生物奋战。这是因为外来生物会对本地生物产生负面影响。话虽如此，我并没有为了驱逐玉米而封杀卡尔粟米条，反而在拼命地为产品贡献销售额，只盼着生产商能持续不断地供货。说到底，人类之所以把生物从一个地方带到另一个地方，就是因为这种生物能给人类带来好处。

外来物种也不全是洪水猛兽，只要妥善管理，就不会引发太大的问题。即便是从宇宙进口来的火星人，只要能把它们装进包装袋，摆在粗点心柜台，它们也作不了妖。然而，逃跑的火星人一旦野化，城市便会化作火海，人类则会惨遭屠杀。只有在脱离人类的管理之后，外来生物才会构成威胁。

外来物种会威胁生物多样性。冲绳的獴快把冲绳秧鸡吃灭绝了。湖沼中的大口黑鲈也把本地鱼类吃得一干二净。那我们为什么要保护生物多样性呢？没看过《生物多样性基本法》就讨论多样性，和没看过《鲁邦三世》就去抢银行差不多。《基本法》里写着这样一句话：

"生物多样性是全人类的共同财产。最大限度地保护多样的生物资源，造福于当代和子孙后代，是我们不可推卸的责任与义务。"

就算某种小鸟在陌生的无人岛上灭绝，世界局势和国民收支也不会受到任何影响。就像只有风信鸡才会因为刮风而欢喜，木桶店是挣不了大钱的①。即便如此，我们还是得保护生物多样性。原因很简单：多样的生物资源是全人类的财产，保护生物多样性是国民的职责所在。

冲啊，本土物种防卫军

在外来生物问题中，鸟类主要扮演着被害者的角色。但它们有时也会化身外来生物，加害于人。画眉鸟就是一例。众所周知，它们已经在夏威夷野化了，严重威胁着本地物种的生存。在日本，它们甚至也入侵了森林。

画眉鸟原产于亚洲大陆，通体呈茶色，眼睛周围有形似勾玉的白色花纹，因此得名。它们在原产地是很受欢迎的宠物鸟。

饲养画眉鸟是因为它们叫声好听。东亚有遛鸟赛歌的文化，歌声悠扬婉转、高亢有力的画眉鸟自然备受青睐。然而，日本的住房条件不比大陆，房子本身小，间距也窄。在这样的环境下，画眉鸟就显得有些吵了，所以它们在日本国内市场不太受

---

① 风信鸡是鸡的形状的风向标，欧洲教堂或房屋等建筑的屋顶经常设有风信鸡。木桶店的解释见 81 页注释①，但风与木桶店的关系毕竟是无端的联想，这里是想说鸟与世界局势、国民收支无关，就像风与木桶店的收入无关一样。

欢迎。而且褐色的羽毛实在朴素，难以勾起爱鸟人士的兴趣。如果是一身古铜色皮肤的美人鱼，倒是和四季常夏的风光相称得很，令人心驰神往，可惜一身土色的宠物鸟着实不太讨喜。后来，有些家养的画眉鸟逃到了野外，也许是故意放生，也许是意外出逃。反正从二十世纪八十年代开始，它们在关东、九州、东北等地同时大量繁殖。

值得关注的是，画眉鸟是在森林里野化的。日本国内虽已有一百多种外来鸟类的野化记录，但大多数往往定居在农耕地、住宅区等严重受人影响的地方，能在自然度较高的森林里站稳脚跟的外来鸟类少之又少。最要命的是，画眉鸟在夏威夷是有案底的，实力过硬。用练柔道比喻，那就是黑带；要是在公司，那就是副部长；进了粗点心店，地位堪比贝贝星干脆面。画眉鸟对日本鸟类的多样性产生了严重的威胁，必须代表月亮消灭它们[①]。

要推进生态保护事业，提升民众的认知度必不可缺。画眉鸟毕竟是外来物种，鸟类图鉴都不太提及，大家很难察觉到它们的威胁。就像如果你没发现邻居是外星人，哪怕有地球防卫军也没用。要采取对策，就得先意识到敌人的存在。

画眉鸟重点入侵的是森林里的灌木丛，而树莺正是栖息在灌木丛里的本土物种。这两种鸟都爱吃昆虫，一旦出现争夺食

---

① 出自《美少女战士》主角月野兔的经典台词。

物的问题，头一个受影响的必然是树莺。

画眉鸟眼神凶狠，面相不善。这样一种鸟很有可能对日本人的灵魂伴侣树莺产生负面影响。大事不妙！我反复强调问题的严重性，申请了研究经费，通过媒体大力开展惩恶扬善型科普活动。

"外来鸟类威胁到了日本的本地物种！不可原谅！"

与此同时，我们抓了一些画眉鸟，装上脚环放生，一路追踪，找到鸟巢，观察它们的繁殖情况。由于这种鸟在日本定居的时间不长，人们对其在国内的生活习性知之甚少。所以必须先摸清基本情况，深入分析它们带来的影响。

不愧是靠歌声承宠的鸟，画眉鸟在野外也经常鸣叫。它们有很强的领地意识，会用响亮的叫声提醒附近其他鸟："这里是我的地盘！"这架势简直和踢馆的暴徒没差，可谓厚颜无耻，贼喊捉贼。而且画眉鸟还会模仿其他鸟类的叫声，我就时常被它们模仿稀有鸟类的叫声蒙骗。所以画眉鸟不仅是公敌，跟我还有不少私仇呢。

调查习性的同时，还得搞清画眉鸟对日本鸟类的影响，这才是重中之重。研究方法是在画眉鸟密度高、密度低和尚未入侵的地方分别统计本土鸟类的密度。在画眉鸟大量分布的地方，以树莺为主的本土鸟类果然……不对，不少啊……

咦？难道是我冤枉人家了？

不能太相信自己哦

外来生物的影响是多种多样的。其中最值得关注的，是捕食与竞争造成的影响。如前所述，捕食很容易造成生态系统失衡。但是另一方面，鸟类竞争的影响却往往并不明显。

鸟类会围绕生态系统中的资源开展竞争。最容易引起竞争的当然是食物。不过，大部分鸟类吃的都是储量丰富的昆虫和果实。除非某种资源非常特殊，且数量有限，否则是不会轻易因为竞争而枯竭的。

画眉鸟厚着脸皮引吭高歌的模样太过惹眼，人们难免会想象它们带来的负面影响。而且面相太凶会让人先入为主，认定它们绝对会作恶。可是，经常鸣叫是因为领地意识强，而领地意识强就意味着每片地区只有一对画眉鸟。换句话说，画眉鸟的栖息密度不可能超出某个数值。

诚然，新鸟增加会消耗相应的资源，影响并不是完全没有。但鸟类的数量也受其他因素的影响。候鸟的个体数会因国外环境的变化而浮动。台风、缺水与干旱、局部土地开发……野生动物时刻暴露在各种因素的影响之下。和其他因素相比，"多出两只小鸟"造成的影响几乎可以忽略不计。都怪画眉鸟在夏威夷的前科和外观带来的成见，害我做出了错误的推测。

问题是，话已经放出去了——外来物种一定要管，因为它

们会危害本地物种！要是不管，岂不就成了"只要没有负面影响，有些外来物种也无妨"。可事实也并非如此。只怪我年少气盛，把错误的认识公之于众。我的错在于用惩恶扬善的对立关系宣扬采取对策的必要性，因为这样更容易得到舆论的支持，讲解省事。对此，我必须深刻反省。

巴尔坦星人要入侵地球，人类必须迎击敌人——多么简单易懂的道理。所以科学家有时也会用这种方法煽动舆论，媒体也很欢迎这种单纯明快的对立结构。可是，具有侵略性的外来物种的确会产生负面影响，需要尽早采取对策。只不过，"影响的大小"并不是该采取什么对策的依据，充其量是给对策排优先级的标准之一。有些外来物种是没有危害到本地物种，但这里终究不是它们该待的地方。

假设日本有野兔，月亮上有月兔。如果让这两个物种在对方的地盘野化，和谐共存，那么日本跟月亮就各有两种兔子了。乍看之下好像没什么问题，只是两个地区的生物种数都翻了个倍而已。

然而不难发现，这种变化破坏了本地生物相的独特性。地球和月亮原本有着各不相同的生物相，可是两种兔子野化之后，两边的生物相就一样了。虽然没有一个物种在这个过程中灭绝，但"每个地区有自己独特的生态系统"这一多样性被摧毁了。外来物种问题背后还潜藏着一种"没有灭绝的侵略"，即全球化

导致的世界同质化问题。

在外来物种问题还没有深入人心的时代，宣扬惩恶扬善也是必要之举。但是在现代社会，人们对这方面的讨论已日趋成熟，对外来生物问题本身也有了充分的认识。在这样的社会背景下，继续强调善恶两元论无异于双刃剑，稍有不慎就会发展成容忍外来物种的论调。人们的认识水平是在不断提升的，也许是时候就问题的本质开展更进一步的普及工作了。

到头来，画眉鸟对日本国内生态系统的影响还是没有显现出来。而且它们虽在森林中广泛分布，密度却很低。实不相瞒，要扑杀这样的鸟比登天还难，压根没有办法可想。出于这几方面的原因，我没有继续研究画眉鸟。毕竟研究时间与精力也是有限的资源，必须重点投入更为紧要的课题。降低影响小、难处理的物种的优先级，也是生态保护战略的重要环节。于是我的画眉鸟狂想曲就在反省中迎来了尾声。

我一边回忆这些往事，一边吃着卡尔粟米条。天天吃，夜夜吃，居然把商店的存货吃光了。来小笠原的船每六天才有一班，所以在下一次到货之前，我唯一能做的就是等待。自己吃不到不说，还拖累了本地的卡尔"瘾君子"们，真不知道该怎么道歉才好。把岛上的宝贵资源吃得一干二净什么的，简直是侵略性外来生物的行径啊。

我只能在心里给病友们赔不是，找形状相似的零食过瘾。

可这也太甜了吧！我想吃的不是这种东西啊！玉米浓汤味儿太可怕了！

看来无论是粗点心还是外来物种，都不能以貌取人。我把教训铭记于心，在求索粗点心的道路上迈出坚实的一步。好嘞，下次换卷心菜太郎 ① 吧。

① 也是一种膨化食品，是表面有海苔粉的玉米粉球。

3 不知邻人做何事

小笠原鵤

多亏大家鼎力支持

再强烈的刺激，人类都能渐渐习惯——有恋爱经验的朋友应该都能理解这句话吧。一开始，看人家两眼就很幸福了。可是时间一长便不知足。偷记事本搞清芳名；一路跟踪，查到住处；黑进电脑，看遍隐私……这就是大人的爱情。

想当年，我只要看几眼小鸟就觉幸福，连自家附近的鸭都能治愈我的心。然而日子一天天过去，单"看"已经无法满足我了。为了寻求更强烈的刺激，我走上了研究的道路。爱得太深而变成跟踪狂是一种非常自然的冲动。我们甚至可以说，"想要深入了解对方"是一种纯粹的求知欲，也是科学家的本能。还好，我跟踪的对象不是女人。

虽然有着相似的动机与行为模式，但跟踪狂和科学家有一个很大的区别：跟踪狂的成果只为自己服务，而科学家会公布成果为研究画上句号。虽然科学家与跟踪狂和暴露狂的复合体仅一步之遥，不过"公布成果"才是科学家身份认同感的来源。

我之前也提到过，鸟类学是一个无关紧要的研究领域，高尚得很。无论鸟儿吃什么、飞去哪儿，都不会对社会和经济产生丝毫的影响。所以大多数以赢利为目标的普通企业并不会研究这个领域。

正因如此，鸟类学才需要用税款做研究。我谨借此机会，感谢全体国民的大力支持。将研究结果写成论文发表，造福社会，是科学家不可推卸的义务。问题是，学术杂志虽然能推动科学的发展，却没什么机会被老百姓看到。国民才是赞助研究的真金主，堂堂金主居然没有机会看到投资的成果，这也太不像话了。

所以科学家需要发布新闻稿。把研究成果归纳成简明易懂的文字，让媒体进行报道。报纸的社会版和科学版经常刊登不起眼的学术报道，那就是科学家给出资人，即全体国民开的收据。

爱你不是两三天

小笠原诸岛由北部的"小笠原群岛"和南部的"硫磺列岛"组成。前者有人居住，也开辟了定期航线；后者却只有自卫队基地，交通不便，鸟类的研究工作没有取得太大的进展。

小笠原群岛有小笠原鹎，硫磺列岛有粗喙鹎，它们都是当地独有的栗耳短脚鹎亚种。和本州的鹎相比，这两个亚种的茶色更深一些，粗喙鹎的鸟嘴略粗。第一次见到它们的时候，我还觉得挺稀罕，毕竟是与世隔绝、独自进化的稀有品种嘛。可惜美好的印象并没有维持太久。

栗耳短脚鹎是一种很常见的鸟，栖息在全国各地的住宅区。它们吃院子里的花，在刚洗干净的衣服上拉屎，简直是人人喊打。一身褐色的毛也不好看，叫声只能用"吵"来形容，想找个优点都不容易。要知道，"好活泼的小宝宝啊"不一定是表扬。

无论是体形还是行为模式，小笠原诸岛的鹎都跟本州的差不多。虽然头顶"小笠原"的光环，却好像没有进化出什么特殊的东西来。实话说，起初我对这种鸟的兴趣也不是很大。

我每年会有一两次去硫磺列岛调查的机会，只是时间都很短，做不了大规模的调查。而且自然分布在硫磺列岛的陆鸟只有七种，少得可怜。在这种环境下，我能做的事情也非常有限。抓些鸟回来采集血样，用来检测 DNA，算是可行的调查手法之

一。数量少的鸟肯定不好抓，但鹀到处都有，还是很容易的。在这样的地方做研究，难免要用排除法筛选分析对象。

DNA 分析是撑起现代生物学的重要研究方法，同时也是一种很好用的手段。当然，分析本身需要一定的技巧，但只要方法得当，就一定能得出结果，推测出分析对象的血统。只要手里有样本，就能找到结果，无须做出耐人寻味的假设。

毛利元就说过这么一句话：单独拿出来看乏善可陈的偶像，只要凑成一个偶像团体就能火 ①。单次调查能抓到的个体有限，好在我们花了四年多时间，集齐了硫磺列岛每个岛屿的样本。那就结合小笠原群岛的样本一起分析，查明鹀的来历吧。我没有抱太大的期望，却收获了出乎意料的结果。

我本以为小笠原群岛的小笠原鹀来自北边不远处的伊豆诸岛。谁知分析结果显示，它们来自冲绳南部的八重山诸岛。也就是说，它们从日本的西头飞到了东头，横跨一千八百公里，飞行距离和月球的半径差不多。即便是神武天皇亲自带队的东征，直线距离也不到五百公里啊，真是不得了。

鸟类的迁徙一般只限于南北方向，东西方向则十分罕见。因为根据季节的变化南北移动可以理解，但迁移到纬度相同的

---

① 毛利元就是日本战国时代的武将，他有三个儿子，为了教育儿子们团结一致，他先交给三兄弟每人一支箭，三人都轻松折断了，然后把三支箭合在一起，三兄弟都无法折断，于是三兄弟立誓要团结一心，史称"三矢之训"。

地方就没什么意义了。虽然没有合理的原因，可分析结果不会撒谎。甚至可以说，正因为这种迁徙罕见，小笠原鸭才会变成一个孤立的群体，进化出独特性。

可更靠南的硫磺列岛的粗喙鸭却来自本州和伊豆诸岛。而且，小笠原群岛和硫磺列岛的种群之间竟然毫无交流，有着截然不同的遗传特征。小笠原群岛和硫磺列岛之间明明只有一百六十公里，鸟类一旦乘上气流，几小时的工夫就能飞到。我本以为两地的鸭是近亲，其实不然。

小笠原群岛诞生于四千多万年前，历史悠久。也许在很久很久以前，有一群做事不计后果的鸭从八重山诸岛起飞，飞着飞着碰巧发现了小笠原群岛，然后就这样住下了吧。如果它们当年错过了小笠原群岛，怕是早就进化成"夏威夷鸭"了。硫磺列岛却要年轻得多，充其量只有数十万年的历史。在日本北部繁殖的鸭会在秋天进行长途迁徙，也许其中的一部分飞错了路线，跑到硫磺列岛来了。不过，这都不是什么大问题。

关键是，为什么小笠原群岛的鸭没有转移到隔壁新冒出来的硫磺列岛呢？来自北方的鸭为什么偏偏飞过了小笠原群岛，跑去硫磺列岛了呢？鸭明明有长途迁徙的能力，为什么这两个地区的种群却没有任何交流？分析结果竟带出了一连串奇妙的问题。但奇妙归奇妙，"一片很小的区域里存在两个不同的种群"却是不争的事实。以后就围绕着这些新的疑问开展研究吧。

DNA 分析也能发挥指南针的作用，揭示今后的研究方向。

鹎在日本国内一点也不稀罕，但它们只在日本周边的岛屿和韩国繁殖，在其他国家还是很罕见的。通过这次分析，我们可以清楚地了解到鹎是一种害羞的鸟，分布区域很小，却也有窝里横的倾向。

一看到分析结果，我就对鹎产生了兴趣，甚至自我暗示起来："哎呀，我本来就很想研究这种鸟啊！"嗯，一定是这样的。

后来，我把结果归纳成论文，发表在日本动物学会的英文杂志上。好不容易研究出这么耐人寻味的结果，哪能不好好宣传一下呢？当然，在发布新闻的时候，我始终戴着"结果正如我所料"的面具。

第三个男人

"森林综合研究所的川上和人发布最新研究结果称：小笠原群岛的栗耳短脚鹎有两种来源。"

二〇一六年四月，报上刊登了这样一篇文章。我终于能向金主们汇报研究成果了。

森林综合研究所的研究员一般会花一个月左右的时间准备资料。把做好的资料发去记者俱乐部，自会有感兴趣的记者联系你采访。

"小笠原群岛的栗耳短脚鹎和本州的有什么区别呢？"

"颜色偏棕一点。"

"就这点区别？它们在行动和形态等方面，没有进化出独具一格的特征吗？"

"不好意思，还真没有。它们就是很普通的鸟。"

"一点都没有……吗？"

"一点都没有……啊。"

见记者大失所望，我心里着实有些过意不去，甚至冒出了添油加醋的念头："要不说那些鸟会吸血得了？"然而，这两种鸟的"普通"才是本次研究的要点所在。正因为它们没有往特殊的方向进化，人们才迟迟没有察觉到两个地方的鸟有着不同的来源。"常见平凡的鹎也隐藏着发人深思的秘密"才是本次研究最值得关注的地方。于是乎，各路纸媒刊登了相关报道，研究终于大功告成。

洋洋洒洒介绍了那么多，听上去好像这些成果都是我一人完成的，报纸上也这么写。然而，研究成果虽有我的份，可我并不是唯一的功臣。

本次研究由我、国立环境研究所的杉田典正先生和国立科学博物馆的西海功先生合作完成。每个人负责最擅长的部分，有助于高效取得成果，所以合作研究并不稀罕。关键在于，研究成果的核心部分，也就是DNA的分析与论文的执笔工作都

是由杉田先生负责的。他才是这项研究的核心骨干，我其实是配角。

可是报上只有森林综合研究所和我的名字，却没有杉田先生的。因为发布这条新闻的人是我。

不是每一条发布出去的新闻都能见报。只有勾起了记者的兴趣，让记者承认这条新闻的价值，新闻才能见诸报端。因为我之前发布过关于小笠原诸岛的研究成果，所以团队认为，由森林综合研究所发布这条新闻的效果最好。

报道重在内容，研究班子根本无所谓。篇幅毕竟有限，浪费笔墨介绍背景恐怕不是上策。所以乍看之下，我仿佛成了报道的主角，其实这只意味着"我是新闻的发布者"罢了。

自然科学研究最讲究"准确性"。尤其是论文，要特别注意文字的表述，避免造成误会。但是为科普服务的报道更侧重于"让更多的人感兴趣"。研究做得再出色，要是没有人看，就没人知道它精彩在哪里。所以报道的内容不一定是事实的全部，还请大家多多谅解。

看到这儿，大家可能会觉得：为了科普不惜忽略第一作者，这项研究成果肯定能带来很多直接利益！其实，它的实际利益几乎可以忽略不计。

准备报道资料本就费时费力，刚发布的那几天，还得守在研究室等记者上门采访。从基本信息到意外的提问，为了立刻

给出简洁而不会引起误会的回答，各种信息都需要搜集。当然，酬金一分也没有，工资也不会涨，常规业务却一样没少，负担比平时还重。能答谢各位国民的支持固然好，可是不折腾这些其实也不碍事。

即便如此，我们还是要发新闻稿，因为大众科普教育是鸟类学不可或缺的基础。对鸟类感兴趣的人越多，鸟类学才能发展得越好，反之则会衰退。没有国民的理解与期待，科学家就无法长期开展非营利性的研究工作。所以，科学家发布的新闻稿和企业广告差不多，只不过它宣传的不是某个特定的商品。新闻稿既有"问候金主"的意味，又能彰显科学家的存在感，还会为学术的发展做贡献。这不是人人都得做的事，但总得有人做才行。

科学家既要有"跟踪狂"的属性，又要有"暴露狂"的精神，但是只满足这两条还不够，"有一点受虐狂的特质"也是很关键的必备条件。

4 恐怖！黑色的吸血生物！

只能吸一点点哦

战栗！吸血鬼之吻

看到卡蜜拉①级别的大美女吸血鬼，我都要绕着走，中年绅士德古拉伯爵就更不用说了，谁愿意贡献自己的血给人吸呢？走到哪里都不受欢迎的吸血生物潜伏在世界各地……

日本的矶女、马来西亚的庞南加兰、菲律宾的马纳南加尔、智利的飞头、南美洲的凯洛尼亚……它们都是名声在外的吸血生物。

"血液是一种卓越的食物"——这正是吸血生物诞生的原因。动物以血液为载体将营养和氧输送到全身各处，所以血液里包含了水分、热量、蛋白质、矿物质等身体所需的全部元素，堪

---

① 爱尔兰作家雪利登·拉·芬努 1872 年创作的吸血鬼小说的女主角。

称"最完美的营养食品"。

日本人在生活中也会利用营养丰富的血液，比如喝甲鱼鲜血补身体、用猪血做血豆腐。把家畜的血液灌进肠子，便成了欧洲和亚洲人熟悉的"血肠"。早在公元前，这种食材就出现在了餐桌上。大多数动物的血液只占体重的百分之十不到，算是稀有。血液的营养价值高，但很容易变质，贵在新鲜。从这个角度看，它着实非常特殊。

被矶女、卡蜜拉这样的吸血鬼下过嘴的人少之又少，难免会有人怀疑它们的真实性。不过吸血鬼毕竟是站在食物链顶端的高级掠食者，数量少理所当然，相遇的概率低也是没办法的事情。见过金雕的人也很少，道理是一样的。

至于蚊子、水蛭、蜱等食物链底层物种的吸血行为，各位应该都体验过。吸血就是如此稀松平常的采食方法。

可人类特别讨厌"被吸血"这件事。无论下嘴的是蚊子还是美女吸血鬼，都一样抗拒。这恐怕是对传染病的戒心在作祟。

美女吸血鬼不可能每换一个人都给口腔消毒，这也太不卫生了，不在意卫生的人也一定会因为传染病越来越少。只有警惕心较强的人才能顶住美色的诱惑，保住性命，留下更多后代。于是人就进化成了讨厌吸血的生物。通过蚊子传播的疟疾和流行性乙型脑炎、通过蜱传播的斑疹热和恙虫病……这些传染病更加剧了人类对吸血行为的厌恶感。

登场！怪杰黑斗篷

有一天，研究鹿的上司在跟我聊天时提起，他看到了一只会袭击梅花鹿的大嘴乌鸦。乌鸦找鹿的麻烦倒不是什么新鲜事。我师父也说，奈良公园的乌鸦有时候会把鹿粪塞进鹿的耳朵里玩。问题是，这次的"袭击方式"非比寻常——乌鸦居然吸了鹿的血！

关于"吸血鸟"的记录寥寥无几。世界那么大，却只有五种会吸血的鸟：加拉帕戈斯群岛的尖嘴地雀和两种小嘲鸫，外加栖息在非洲南部的两种牛椋鸟。全世界约有一万零六百种鸟，会吸血的仅占百分之零点零五。

如果乌鸦也好这口，那它们就成了全世界第六种会吸血的鸟。多么有趣的发现！我这个灵异爱好者顿时来了劲儿。当务之急是确认这件事的真伪。

没想到问题一下子就解决了：上司拍了照片。多亏了照片，我们确认了事件发生的日期。"吸血乌鸦"的存在就这样得到了证实。提起"吸血鬼"，大家都会联想到"德古拉伯爵"。而"德古拉伯爵"的代名词就是"一身黑"。从颜色的角度看，吸血乌鸦也极具说服力。

这么耐人寻味的课题，只用作谈资未免浪费。我立刻决定，把"生吃鹿血的魔鬼乌鸦"写成论文。

吸血事件发生在盛冈市动物公园。受害者是公园饲养的梅花鹿，犯人是大嘴乌鸦。我和拍下照片的堀野真一大哥、动物园的辻本恒德园长通力合作，整理了以前的观察记录。因为我是鸟类学家，所以论文由我执笔。

记录显示，乌鸦吸血的历史至少可以追溯到二〇〇九年。每年都有类似的事件发生，春秋两季尤其频繁。

乌鸦用嘴戳破鹿背部的皮肤，吸食渗出的血液——比我想象的低调多了。我原以为乌鸦是把嘴戳进肉里一通猛吸，只留下干瘪的尸体，就跟猎奇的屠牛事件似的。可惜事实比幻想平凡得多，我还真有些失望，虽然这么说挺对不起鹿的。不过我听说，乌鸦有时候也会弄出需要治疗的大伤口。

乌鸦这么放肆，鹿就不会发火吗？原来，乌鸦的攻击对象主要是年老的雌鹿，它们全身都沉浸在放弃抵抗的状态里。看来是超乎想象的凌霸夺走了它们的精气神。

事实已经调查清楚了，下一步是思考这种特殊行为的原因。乌鸦经常在窝里铺兽毛，所以为了筹措资材，有时它们也会从活着的动物身上拔毛。如果遭殃的是波平①，那问题就严重了，但是在动物园娇生惯养的动物们大多性情温和，于是它们就成了乌鸦最称手的冤大头。

---

① 日本漫画《海螺小姐》主人公河豚田海螺的父亲矶野波平，头顶只有一根毛。

拔毛的时候，皮肤会因受伤渗血。春季是乌鸦的繁殖期，在这个季节吸血，也许是在采集"建材"时碰巧开始的。可是秋天并不存在找材料做窝的问题，肯定是尝到甜头的乌鸦变本加厉，只为了吸血专门袭击鹿。

尸体也为乌鸦提供了品尝血液的机会。大嘴乌鸦平时也吃死尸，经常能看到它们啄食被车撞死的动物。尸体中也有血液，所以它们也有可能是通过尸体记住了血的味道。实不相瞒，有吸血记录的五种鸟都吃死尸。也许吸血行为就是从"吃死尸"进化而来的。

故事情节够丰满了，三下两下写成论文就大功告成了。

事不宜迟，我把写好的论文投去杂志社，喜滋滋地等回复。放眼全世界，鸟类的吸血行为都是很罕见的，而且我在论文数据库搜过，并没有搜到关于"吸血乌鸦"的论文。杂志社绝对会赞不绝口，毫不犹豫地受理这篇文章。

稿件一般由两名审读人进行审查。审读人认为文章有刊登在学术杂志上的价值，杂志社就会受理，反之则会被退稿。审读人对这篇乌鸦论文的评语，总结成一句话就是：

"大家早就知道乌鸦会吸血啦！"

什么？怎么可能！我搜了半天，也没找到一篇关于乌鸦吸血的论文啊！

对方大概早就料到了我会这么申诉，专门介绍了相关的文

献给我，别提有多周到了——那是一本畜牧业杂志。难怪搜不到，我搜的是生物学的论文库。

杂志里的报告称，在北海道、兵库、冈山等地，乌鸦袭击牛的事件时有发生。北海道的情况尤其严重，因为乌鸦盯上了奶牛，整个畜牧业头疼不已。奶牛有硕大的乳房，表面布满了凸出的血管。乌鸦专挑血管啄，吸食鲜血。受伤的奶牛有可能染上败血症等疾病，甚至可能丧命。好家伙，简直是日本版卓柏卡布拉！

研究乌鸦的专家貌似都知道这么回事。可我是头一回研究乌鸦，信息搜集得不够全。好在论文最后还是登出来了，只不过标题从"全球第六种！首次发现乌鸦的吸血行为"降级成了"柳树下的乌鸦！首次记录乌鸦吸食鹿血的画面"，稍微差了点气势。

话说这次的论文是根据照片和访谈记录写的，我本人还没见过吸血的乌鸦。要不去开开眼界吧？于是我在白雪皑皑的一月意气风发地杀去了动物公园。冬天是食物短缺的季节，饿着肚子的乌鸦肯定正忙着吸血呢。

"乌鸦？冬天乌鸦基本不来的哎。"

真的假的？据说每到食物枯竭的时候，乌鸦们就会转战低地。所以我一直对迁徙性强的动物爱不起来啊。

真相！吸血鬼的口是心非

被乌鸦盯上的牛和鹿都是人类饲养的动物。乌鸦要想真正坐稳"吸血生物"的位子，还是得吸一吸野生动物的血，只是难度可能有点高⋯⋯

其他吸血鸟类的体形都很小。哺乳类最出名的吸血鬼当属普通吸血蝠，它们也是小型动物。蚊子、水蛭和蜱就更不用说了。吸血动物的体形是非小不可。

为什么？要是吸血动物的体形很大，被害者肯定会立刻察觉到危险，迅速逃离现场。如果吸血生物真有足以控制猎物的力气，就绝不会满足于吸血，必然要更进一步，发展成食肉动物。

血液的营养是很丰富，可是连血带肉一起吃当然更好。大嘴乌鸦既吃死肉，也吃鲜肉，还会抓鸽子和老鼠吃。在这种情况下，它们不会拘泥于血液，而是直接用大嘴撕肉。袭击牧场的乌鸦不光吸血，还会用嘴剜牛身上的肉，这让畜牧业者大为头疼。

低调的吸血行为是弱者的战略，因为弱者没有连血带肉一起吃的条件。加拉帕戈斯的吸血鸟专挑褐鲣鸟、海鬣蜥和海狮下手，牛椋鸟吸的是牛、河马等大型动物的血。它们的吸血方法都是用鸟嘴戳伤皮肤，然后舔食渗出的血液，"客气"得很。

乌鸦是站在食物链上层的强者。照理说，强者没有必要停

留在吸血的层面。也许是因为人工饲养的鹿温驯得恰到好处吧，只吸血的话就忍了，但要吃肉便会发火。

既然是这样，那么"吸血鬼"是不是真的存在就很成问题了。传说中的吸血鬼都是大型动物，有着尖锐的獠牙，力气也很大。这样的生物不应光吸血，而是该连血带肉一起吃。

同志们，我们再也不用惧怕吸血鬼了。从动物行为学的角度看，体形大、性情暴虐的专业吸血动物非常稀有，所以吸血鬼基本都是误会的产物。不专门吸血的食肉怪物应该会更多，它们才是我们该怕的。能邂逅稀世罕见的吸血鬼，那才叫撞大运呢。

虽然我一直在用"吸血"这个词，但是大多数鸟类的生理结构注定了它们无法用嘴吸食液体。鸟喝水的时候也是先囤一些水在嘴里，然后抬头把水咽下去。能把嘴浸在水里直接吸的只有鸽子和它们的亲戚。吸血鸟会舔食伤口渗出的血，但这并非善良或客气使然——"舔"已经是它们的极限了。从这个角度看，真有资格当"吸"血鸟的只有鸽子，其他的只能叫"舔"血鸟。

话说我仔细一琢磨……只要小心防范传染病，被吸血鬼咬一口好像也没什么大问题。

十字架？在日本很少见。阳光？我是室内派。大蒜？不吃也没啥。银子弹和白木针？人挨一下也得见阎王好吧！

照不了镜子倒是有些不方便呢。不过能用这点麻烦换来永恒的生命也值了。有人检测过人和鸟的血液成分，发现鸟的血糖值比人更高，说不定是鸟血更有营养呢。那我只需要吸鸟血就能解决需求了，不至于给人类添麻烦。

如果真有美女吸血鬼潜伏在人间，请尽管来找我，不用害怕。只要你不嫌弃，我十分愿意献上鲜血，顺便约你去吸血乌鸦出没的动物园逛逛。不过我有一个小小的要求：下嘴前请做好牙齿的消毒工作。

第六章　有关索赔也有大量规则及细则

1 取个好名字吧

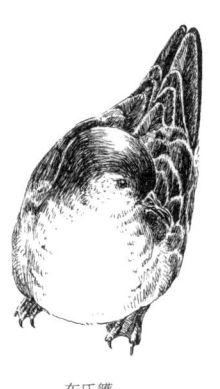

布氏鹱

冒险的开端

二〇一一年八月，一条惊人的消息传来。

有人在夏威夷的中途岛环礁发现了新品种的鸟。这条新闻本身没什么问题，关键是文章配的照片……

我认得这种鸟哎！

明明是刚发布的新品种，我却早已熟识。

那是一种小型的鹱，被命名为"布氏鹱"。它虽然是刚刚发布的，却不是最近才被发现的。人们在一九六三年就曾捕获过这种鸟，当时的 DNA 检测结果显示，这是一个新品种。

然而直到二十世纪九十年代初，人们才在中途岛上再次观察到这种鸟。相关的记录只有这两条，所以旁边的备注栏里写

着"该品种可能已经灭绝"。

而小笠原诸岛曾发现过六个和布氏鹱十分相似的个体，都是以伤病或死亡的状态回收的，样品都还留着。听说中途岛的新闻后，我们连忙组织起一支研究团队，旨在明确小笠原样本的身份。

事情要从二十世纪末说起。一九九七年的某一天，"少女"从天而降。如果掉下来的是《天空之城》的女主角希达，怕是会有一场冒险大戏。可惜掉在网球场的是一只雌性的鹱。

刚获救没多久，这只鸟就死了。多亏当地鸟类专家千叶勇人先生的介绍，雌鹱被送到了山阶鸟类研究所的平冈考先生手里，以标本的状态存放在所里。后来，人们在二〇〇五年发现了一只同样的鸟，二〇〇六年发现了三只，二〇一一年又发现了一只。

由于这些个体的形态特征和已知的小鹱①非常相似，大家一度以为它们就是小鹱。然而日本并没有小鹱，这个结论也不是通过细致比对得出的，所以样本的品种迟迟得不到确认。

团队提取了这六个小笠原样本的 DNA，与中途岛发现的新品种布氏鹱进行比对。结果显示，它们是同类。二〇一二年二月，我们以最快的速度写好论文，公布了这种鸟在小笠原诸岛

---

① 鹱的品种之一，和布氏鹱非常相似。

幸存的消息，键盘的按键都要磨秃了。

"灭绝的鸟再现小笠原！"

小笠原诸岛在二〇一一年刚成为世界自然遗产，第二年又找到了疑似灭绝的鸟。这条新闻有效提升了小笠原诸岛作为世界自然遗产的价值，是天大的好消息。

从灭绝到幸存——整件事极具戏剧性，也着实令人欣慰。日本曾在一九四九年宣布国内的信天翁灭绝了，谁知在一九五一年，它们又出现了。就像在《火星救援》里大家都以为火星上的马特·达蒙没救了，他却靠土豆撑了过来，成功生还。我们团队得意洋洋地凯旋，鼻子挺得比全盛时期的匹诺曹还高，为发现这种鸟欢天喜地……

这是面向公众的说辞。五年过去，心灵创伤也愈合得差不多，是时候道出真相了。我要讲述一个让科学家后悔与忏悔的故事。

遗恨终生

二〇〇六年发现的三只蠖出自无人居住的东岛。岛的名字是挺无聊的，但它是蠖的繁殖地，蠖的分布密度很高。

《金巴海上历险》里，御藏岛的白额蠖驮着沟鼠翱翔蓝天，挑战黄鼠狼的诅咒。但现实中，东岛的蠖却惨遭黑鼠的毒手，

184

死伤惨重。褐燕鹱的处境尤其糟糕，可谓尸横遍野。

那场面堪比战国时代的战场遗址。谁知成堆的褐燕鹱死尸里，竟然有三只其他品种的海鸟。

这些尸体的发现者是本地的非营利组织小笠原自然文化研究所的堀越和夫先生与铃木创先生。他们知道我喜欢死鸟，特意把标本寄了过来。

说是"尸体"，其实都被老鼠啃得失去原样了，只剩散乱的羽毛和零碎的骨头。我大展身手的时候到了——因为鸟的骨头是我的最爱。

鸟的外表由柔软的组织撑起，没有确定形状，难以捉摸。羽毛、皮肤和肌肉都很软，一按就凹下，一拉就伸长。这种绵软的感觉像极了河童的手臂。

骨头就很强硬了，可靠得多。就算没见过鸟长什么样，就算标本七零八落，只要有骨头，就能推测出大致的品种。而且我手里有很多小笠原诸岛的鸟类标本，准备非常充分。

谁知骨头到手后，我再怎么闻，再怎么看，也没搞清这是什么鸟。唯一确定的是，这种鸟是小鹱的近亲。

胸有成竹接下的课题居然没做出结果来……我窘得满头冒汗，只能求助于DNA分析的专家江田真毅先生。

二〇〇六年十二月，分析结果出来了：样本的DNA序列在数据库里找不到一样的，可能是新品种。

然而，当时小鹱的分类还非常混乱。通过 DNA 检测，科学家逐渐意识到，在所有被认定为"小鹱"的样本里，还混杂着若干种碰巧长得像小鹱的其他品种。话虽如此，并没有人把全球各地被认定为"小鹱"的鸟搜集起来，挨个分析一遍。

换句话说，在小笠原诸岛发现的这些鸟既有可能是新品种，也有可能是已知但是还没被分析过的鸟。

由于鸟的体形大，比较惹眼，"发现新品种"是非常难得的。一九八一年在冲绳被发现的"冲绳秧鸡"成了日本最后一个鸟类新品种。冲绳在战后一度由美国统治，一九七二年才回归，这恐怕也是冲绳秧鸡迟迟没有被发现的原因之一。那年我才八岁，但媒体争相报道这条新闻的情景还历历在目。

新品种哪能那么容易找到啊。

说不定是已知的鸟呢。

把没分析过的外国鸟拿来分析好麻烦啊。

其他人也不会那么容易找到的。

而且我现在很忙啊。

"不做"的理由好找得很。我不是分类学家，而是生态学家，"物种描述"这样的大事业我是干不惯的，存在很大的心理障碍。

我对眼前的机会视而不见，把"过一阵子再说"挂在嘴边，就像八月下旬的小学生。一拖再拖，愣是不开工。

拖着拖着，就拖到了二○一一年八月。

美国已经有三十七年没有发现过新品种的鸟了。各路媒体疯狂报道布氏鹱的新闻。

啊……完蛋了。机会被我拖没了。

在学术界，谁先把论文写出来，谁就是老大。知道得再早也没用，因为从学术研究的角度看，没有转化成论文的东西就等于不存在。都是因为我的懒惰，日本和登记鸟类新品种这个千载难逢的机会失之交臂。

日本国内的鸟类调查工作已经很到位了，恐怕也没有机会再发现新的鸟类品种。我是白白糟蹋了最后一次机会的大罪人。

这已经不是火烧眉毛，而是眉毛早就烧得一根不剩了。事已至此，我不得不硬着头皮往前走。为了赎清虚度人生的罪孽，我只能抖擞精神，联系和这件事有关的人。

后来，我和前面提到的千叶先生、平冈先生、堀越先生、铃木先生与江田先生通力合作，重新比对了中途岛的布尔鹱和小笠原样本的 DNA 与形态。根据外观做出的推测果然没错——它们是同一种鸟。

为了尽快摆脱负罪感，我以最快的速度公布了消息。在公众眼里，找到原以为已经灭绝的物种当然是一件大好事。殊不知故事的情节本该是"小笠原诸岛发现了新物种"——只怪我走错了那一步。

接受采访的时候，我面带微笑，仿佛在为重新发现这种鸟而欣喜。但镜头前的我不过是个纸老虎——我在心里为痛失良机暗暗啜泣，却只能强忍着泪回答记者的问题。

都怪我太懒，害得合作伙伴们都错过了宝贵的机会。太对不起大家了。还有大力支持日本鸟类学研究的朋友们，对不起，真的对不起。请允许我表示最由衷的歉意。

都是我的错。

错失良机的善后工作

那我们该如何称呼这种鸟呢？新的课题摆在眼前。鸟一般有三个称呼：拉丁语学名、英语名字和日语名字。

发布布氏鹱的论文是美国人写的，所以新物种在日本还处于没名没姓的状态。我们是在日本发现这种鸟的人，必须负起责任，给它起个日语名字提交上去。按照英语名字 Bryan's shearwater 直译成"布莱恩鹱"也太没感觉了。

这种鸟之所以能在小笠原诸岛幸存，多亏了当地人拼尽全力保护自然环境。所以我们想冠上地名，以表敬意。另外，新物种最显著的形态特征就是"体形小"，于是……

小笠原"矮冬瓜"鹱

小笠原"波奇"鹱

小笠原"豆"鹱

大伙儿提了几个听着就很"小"的方案，可是有的太像骂人话，有的太像狗名字，有的豆味儿太浓了，团队内部的意见迟迟无法统一，最后还是选了比较稳妥的"姬"字，全称小笠原姬鹱。从姬苹果（海棠果）、姬鳕（小丝鳍鳕）这样的例子就能看出，小型生物的名字里常有这个字。"让雄鸟的脸往哪儿搁啊！""这是性骚扰！"……我们没有理会反对的声音，把这个名字提交送审了。

交是交了，但这并不意味提案能立刻成为新物种的标准日语名字。得等它登上日本鸟类学会定期发行的《日本鸟类目录》才算尘埃落定。

这本目录网罗了日本的各种野鸟，各类书籍都会参考目录上刊登的种类数、日语名字等信息。换句话说，"日本有 X 种鸟"这样的表述都是以目录为依据的。上了目录，就说明这种鸟的记录、日语名字和其他相关信息都得到了学会的官方认可。

目录每十年发行一次，二〇一二年恰好是发行新目录的年份，更是日本鸟类学会的百年华诞。为了目录如期发行，有关部门正在有条不紊地推进编撰工作。

我们在二月公布了发现"姬鹱"的消息，而目录的发行时间是同年九月。早在二〇〇八年，新版目录的编撰工作就开始

了，如今正进行得如火如荼。新物种来得及登上目录吗？要是错过了这个机会，再想被正式认定为"日本的鸟"，就得等十年后了啊。

团队成员怀着忐忑与期待，静候目录的发行。功夫不负有心人，"小笠原姬鹟"顺利登上了九月发布的目录。我终于放下了心头的大石。当然，我和研究伙伴平冈先生都是目录的编撰委员，请一定要保密哦。

话说在目录发行的一周前，环境省公布了最新版濒危物种红皮书。上一次更新已经是六年前的事了。"小笠原姬鹟"作为灭绝可能性极高的"濒危物种"出现在红皮书里。不得不说，它能赶上红皮书的修订也是莫大的侥幸。

虽然错失了登记新物种的机会，但之后的进展还是很顺利的。

若干年后，我们成功发现了这种鸟的营巢地。

小笠原姬鹟虽已再度现身，可它们依然稀有，毕竟人们在中途岛和小笠原诸岛发现的小笠原姬鹟总共只有八只。"找到营巢地"是物种保全的必备条件。我们的确在登记新物种的环节输了一局，但是为了一雪前耻，大家拼命探索营巢地，也算是因祸得福吧。从结果看，一切都往好的方向发展了。

这些话听起来冠冕堂皇，其实我只是死鸭子嘴硬。

我真想穿越回去，把懒惰的自己胖揍一顿。要是布朗博士

和马丁 ① 能看到这本书，请务必与我联系！

"心急吃不了热豆腐"是骗人的，"趁热打铁"才是幸福的秘诀。

① 电影《回到未来》的主人公。

2 非国际派宣言

告诉我，这不是真的

咦？怪了……我的英语有这么烂吗？

我不是第一次产生这种感觉。曾几何时，我也被同样的违和感笼罩过。难不成是因为我看了太多遍原田知世[1]，一不小心掌握了穿越时空的能力，所以才会一遍遍经历同样的事情吗？不对。只是每次的经历碰巧都一样罢了。麻烦了。这下真的麻烦了。我有英语会话恐惧症！

我的脚下是葡属亚速尔群岛。从地理大发现开始，人们便将这里定位为大西洋的海上要冲，大力建设。群岛漂浮在大陆以西约一千四百公里的海面上。其实岛屿和海底是连着

---

[1] 日本女演员，在 1983 年上映的科幻电影《穿越时空的少女》中出演女主角。

的，所以说"漂浮"可能不太准确。这就是个修辞，不必纠结。为了发布研究成果，我特意过来参加一场生物学的国际会议。

研究自然科学的学者都精通英语——这种毫无根据的误会在全社会大肆蔓延，可把我愁坏了。

我是在日本土生土长的纯国产科学家。从没留过学，永远跟友好的留学生保持一定的距离，出国旅游也会细心周到地避开英语圈国家，把提高英语水平的可能性统统扼杀在摇篮里。我能用英语读写论文，但"哑巴英语"才是日本人的默认属性啊。

不过人类的神奇之处在于，会把自己想要逃避的东西小心翼翼地藏在意识的深处，看不见也摸不着。明明没在努力学习，却幻想着"说不定我的英语在不知不觉中变好了"，就报名参加了国际会议。等到了会场，又被自己的英语水平之低吓到。这已经成了每次出国开会的固定节目了。

说来说去，还是得怪美国国家航空航天局。有工夫往月亮和火星跑，还不如早点研发翻译魔芋呢。我说"周四要做报告"，对方却附和道"嗯，在周六"。我说"我研究的是鸟"，人家却反过来问"您研究的是什么昆虫呀"。你们可别小瞧了我的会话能力！

这怎么想都不是我的错，绝对是日本教育制度和美国国家

航空航天局的问题，所以我没什么好难为情的。一咬牙一跺脚，溜进国际会议打探打探情况吧！

对了，上岛吧！

自从达尔文在加拉帕戈斯畅享了悠长假期，"岛屿生物学"便受到了众多科学家的关注。岛屿是四面环海的狭小空间。海洋能起到屏障的作用，限制生物的移动，于是岛上便形成了特殊的生物相。

生物到底是从哪里来的？

它们有着怎样的特征？

我们该如何保护岛上的生物？

科学家怀着各不相同的目的，用形形色色的方法理解岛屿的特殊性，从中推导出普遍性的理论学说——这就是岛屿生物学。而我这次参加的，就是全球岛屿生物学家每隔两年举办一次的国际大会。

不过这个会才开到第二届而已。两年前的第一届大会是在太平洋中央的夏威夷办的，所以这一次大家就跑到了地球另一头的大西洋，齐聚亚速尔群岛。

"又不是搞野外调查，只是开会发表研究成果而已，何必挤到交通不方便的离岛去啊？在城里找个普普通通的会议室不

好吗？"

瞧你这话说的。温泉专家要开会，那肯定是去温泉。盗窃专家要开会，那肯定是在监狱里。岛屿专家要发表研究成果，去海岛不是理所当然的吗？

这种活动肯定是参加的人越多越好。越多与会者发表研究成果，会议内容就越充实，学术价值也越高。要吸引那些以岛屿为根据地的科学家，最好的方法当然是"用岛屿当诱饵"。要是在新宿租个会议室开会，谁也不愿意去的吧？会议的吸引力最能体现主办方的能力了。

提起"会议"，大家可能会联想到"绷着脸的学者们拿着厚重的资料激烈讨论"的画面。但我参加的国际会议是专门发表研究成果的平台。

与会者要把自己的研究成果总结好，当着听众的面发表。发表有两种形式，口头和海报。主办方会同时开放若干个会议室，每个房间有不同的主题，大家可以选感兴趣的听。

口头发表由十五分钟左右的演讲和问答环节组成。对我这个英语会话恐惧症患者而言，口头发表无异于痛苦的修行，全程如坐针毡。当然，演讲部分是可以提前准备的，不至于出太大的洋相，可问答环节就不行了……

有一次，我去加拉帕戈斯群岛参加国际研讨会，进行了口头发表。好容易熬到了提问环节，可我听不懂台下来宾的提问，

不知所措。见我这副样子，提问的人也不知道该怎么办了。双方陷入胶着，在场的所有人都走投无路。我只能一边冒冷汗，一边焦急地等待散会铃响起。当时的场景还历历在目。我再也不想出那种丑了！从那天起，我再也没动过在国际大会做口头发表的念头。

所以这一次我选择了海报发表。把研究结果打印在 A0 尺寸的纸上，贴在会场，给来宾讲解一下就可以了。只要结合手势和动作，真心跟对方交流，至少能让对方感受到你的诚意。就算引起误会，让人无话可说，那也没关系。反正看海报的人不多，可以把对自尊心的损耗控制在最小。但是俗话说得好，麻痹大意才是最大的敌人。

两年前，我在夏威夷大学用磕磕巴巴的英语给两个美国学生讲解海报。我的英语大概还不如初中生，但只要一个一个蹦单词，对方总能听懂的。毕竟讲解的目的不是展示美妙的英语，而是传达研究成果。说不出准确的单词也没关系，双方可以通过心灵交流嘛。我费了九牛二虎之力，好不容易讲完了，还挺有成就感的。就在这时，女大学生一语惊人——她说的那句话，我这辈子都忘不了。

"其实我会说日语的！"

好流利的日语啊！

"啊，其实我也会说。"

敢情你也会啊，怎么不早说啊！一把年纪的大叔被两个学生耍得团团转，操着磕巴的英语一通乱讲，怎一个惨字了得，我都要哭了。

夏威夷有很多日裔居民，去日本留过学的也不少。只怪我太纯真，不会怀疑别人。这段经历在我心中播下了猜疑的种子。

万幸的是，这次的会场在大西洋，懂日语的人应该很少，至少不用再出同样的糗。可仔细一琢磨，这哪里是"万幸"，客场作战的感觉明明更强了，好在英语总比葡萄牙语容易。在设计海报的时候，我以"抓人眼球"为第一要务，字体一律用红色。虽然最后的成品实在太红，看着有点扎眼，好在它吸引了很多与会者的注意，帮我搞定了发表环节。此行的任务总算是完成了一半。

近距离目击

任务的另一半当然是听其他人发表。这次的国际会议有来自四十六个国家的四百多位学者参加，发表世界各地的研究成果。

而且因为会场设在欧洲，有很多关于大西洋、地中海岛屿的报告，日本学者不太熟悉。为什么岛上的鸟类大多颜色朴

素？全球气候变暖会对岛屿的生态环境造成怎样的影响？……学者们从形形色色的角度入手，剖析岛屿生物的秘密。

从未发表过的成果、调查时的创意……学者们能在这里接触到论文中无法获取的信息，还能与外国同仁建立联系，扩展研究的人脉。最重要的是，你能在这里学到很多和自己的专业领域没有直接联系的学术知识。

科学家在日常搜集信息时，难免更偏重于自己的研究领域。但是国际大会发表的内容涉及各类领域，和鸟类有关的研究寥寥无几。所以我能自然而然地接触到其他领域的研究，汲取新的灵感。

而且发表往往会结合图表进行，英语会话恐惧症患者也很容易理解。问题是，这条路也布满了陷阱……

这虽然是"国际会议"，可发表者的水平参差不齐。但无论是什么内容，他们都能抬头挺胸、堂堂正正地发表，这大概跟欧美的教育理念有关吧。其实仔细一听就会发现，漏洞百出的发表也不少。

不能这么解释吧！你没考虑到栖息地环境的影响啊！这可不是岛屿独有的特征啊！好想提问，好想订正，好想点评，好想和蓝眼美女交朋友。无奈我的会话能力实在太差，没有那个条件。作为天生的话痨，我差点被活活憋死，没办法，只能每天去药店看看有没有能让我变成老外的神药。

这类国际大会一定会有"实地考察"的环节。野外学者就该近距离接触各国的自然，开阔眼界。这一次，主办方安排我们去岛屿中央的森林散步，观察当地的自然环境。大西洋海岛的森林会给我留下怎样的印象呢？林子里肯定长满了我从没见过的奇怪树木，在有锁国倾向的岛国建立起来的自然观大概会被彻底颠覆吧。

我满怀期待地坐上大巴，朝山林进发。乍一看，这车跟日本的大巴没什么区别，只是驾驶座在左边罢了，可我坐下来之后总觉得有些不对劲。抬头一看，才发现天花板上居然有个紧急逃生口。也不知道这是为哪种紧急情况留的，开在那种地方多不方便啊？

所幸一行人并没有遇到紧急情况。岛上的低地都被开垦过，放眼望去都是牧场。大巴从每天早上为我们提供美味奶酪的荷兰奶牛之间穿过，开到山顶附近的森林。然后我们就下车散步了。

森林周边开满了蓝色的花朵，压弯了枝条。蓝花背后是广阔的针叶林。我明明是第一次来这里，却产生了似曾相识的感觉。难道是这几天太累了，产生了既视感？不，我的身体状态一直很好。不知为何，一种不祥的预感掠过心头……

"这是……绣球花吧……"

"嗯，从日本引进的，它是亚速尔最有代表性的花哦。"

"林子里的都是……杉树吧……"

"对呀，杉树也是日本产的，岛上的杉树种植业非常红火哦！"

这座海岛的开发史可以追溯到十五世纪。虽然有五百多年的漫长历史，却还将视线投向了远东的树，不得不说这边的开拓者很有眼光。没想到我大老远飞过来，逛的却还是杉树林。话说回来，我在夏威夷也见过杉树组成的人工林。各位祖宗，你们有工夫推广杉树，就不能花点心思推广日语吗？

看到这里，思想肤浅的人也许会说："英语都烂成这样了，干吗不报个英语班呢？"不瞒您说，我也是有苦衷的。毕竟我肩负着培养科研生力军的重任啊。

世上有的是优秀的科学家。一边一篇篇发表着论文，一边用英语谈笑风生，一边和金发淑女亲切拥抱……看到这样的前辈，学生会有何感想？他肯定会觉得："拉倒吧，我不是这块料……"然后放弃做研究的念头，离开鸟类学的世界。培养不出年轻人的研究领域是妥妥要完蛋的。

这个时候，就需要我挺身而出了。

"别看他平时很抠，英语却非常烂哦。四十好几了还这副样子，不是也混得挺好的嘛。"

我能点燃学生们心中的希望。然后他们就会努力赶超我，

成为肩负未来的人才了。鸟类学的明天完全取决于我的外语水平啊。

　　年轻人，这里有我呢，你们尽管往前冲吧！

3 苹果汁失望事件

背叛的果实

大家还记得第一次喝苹果汁的情景吗？反正我这辈子都忘不了。

杯子里的液体金光灿灿，香气四溢。当年的我还如天使般纯真，这超乎想象的画面令我不寒而栗。

"看上去好难喝啊！苹果榨的汁不应该是红色的吗？"

橙汁是橙色的，葡萄汁是葡萄色的。无论让哪个国家的人画苹果，红色都是首选。蜜瓜汽水绿得多有魄力，希望苹果汁也能学学。一点也不红的液体让我失望透顶，从那时起，我就和苹果汁绝交了。

苹果汁为什么不红？因为果肉是白的。那苹果皮为什么红呢？当然是为了"显眼"。

果实不是上帝专为夏娃、牛顿和对着镜子说话的自恋狂创造的，而是植物以"撒播种子"为终极目标进化出来的"搬运报酬"。以果肉诱使动物帮忙搬运种子——这就是植物的战略。果实一旦成熟，就会染上鲜艳的色彩，这正是发送给种子散布者的信号。

　　然而，生产色素需要耗费额外的能量，只有一小撮有钱人才有余力在看不见的地方投资。爱车的引擎盖也同理，内侧一般是不喷漆的。要吸引动物，色素是必要的，但植物又想把成本控制在最小……这便是"苹果汁失望事件"的真相。

　　只要爬出浴池，照照澡堂的镜子，再自恋的人也会发现，人类其实是一种很不起眼的生物。其实哺乳动物的主色调基本都是"褐色"，大家都挺朴素的，人类并不是特例。这是因为哺乳动物的祖先都是夜行性动物，漂亮的色彩在黑夜里派不上用场。要想在白天避开掠食者，养精蓄锐，不起眼的褐色反而更有利。

　　但是一部分哺乳动物进化成了昼行性动物。白天的世界充斥着各种色彩，辨识色彩成了有利于生存的能力。因此，灵长类进化出了色觉，可惜褐色的身体已经没法改了。长久以来，五彩斑斓的鸟儿和蝴蝶一直备受艳羡。后来，人类终于放弃了进化身体颜色，改走穿衣服路线了。

　　于是乎，人类成功跻身五颜六色的世界。我们是吃果实的

昼行性动物，觉得鲜红的苹果诱人，看到不红的苹果提不起兴致，都是理所当然的事情。

崇尚自然的有钱人一看到被染成鲜红色的苹果糖就嚷嚷："讨厌，都是人工色素，真是不天然、不干净呀！"眼里写满了鄙视。然而我不得不说，他们的感性已经被家畜化了，失去了自然的知觉。天使般的孩子倒还保留着作为生物的纯粹知觉，能感知到鲜艳色彩的魅力，这可比装腔作势的大人自然多了。

色彩的魔力

言归正传。这个世界充满了各种各样的颜色，苹果不过是其中的一抹。对昼行性动物而言，"用颜色和世界沟通"成了理所当然的手段，所以它们也有了一系列以此为准绳的战略。

大家都知道鸟类有多华美，不需要我多啰唆。难得去一趟动物园，却只看到了颜色单调的貉和鼹鼠，那多扫兴。白腹蓝鹟、黄眉姬鹟和赤翡翠的组合就抢眼多了，连信号灯都不一定能盖过它们的光芒。

话虽如此，苹果也好，麻雀也罢，生成色素总归是要耗费成本的。正因为付出能有相应的回报，鸟类才会进化出绚丽的色彩。

鸟类一般是雌性挑选雄性，相中了就开始"交往"，所以雄

鸟往往比较好看。可是太醒目也容易被掠食者发现，甚至付出生命的代价。但要是得不到异性的青睐，无法繁衍后代，即便苟活在世，也没法把自己的基因传下去。只有为爱博命的个体才能留下基因，于是便有了绚烂夺目的鸟类世界。

色彩还有辅助识别的作用。只要能准确分辨出同类，就能避免产生无益的混血后代。而且，跟同类聚在一起，行动时以集体为单位，能更高效地找到合适的环境与食物。

即便是掌控黑暗世界的夜行性动物，也无法避免光的影响。猫头鹰与夜鹰虽是黑夜的王者，其毛色也是有意义的。拜德古拉伯爵所赐，我们总会把夜晚和"黑色"联系在一起，可夜行性鸟类的羽毛都是褐色的。在阳光下，这身羽衣就成了绝佳的迷彩服。伯爵之所以一身黑，是因为他喜欢在没人看的棺材里睡午觉。野生的伯爵肯定得穿褐色的衣服。

鸟类的世界是没有镜子的，所以它们看不到自己的模样。麻雀的脸颊上有黑斑，可它们无论怎么扭头，应该都看不到。鸟类的色彩绝不是为了自我满足，"让别人看"才是进化出色彩的唯一目的。"不要介意别人的眼光，要贯彻自己的信念"——在野生动物的世界里，这样的说教才是误人子弟呢。

不过地球上也有与光明世界完全隔离的生物。

比如分布在欧洲的洞螈、寿命长达一百七十年的南方穴居盲螯虾等穴居动物，它们都长得白白的，体表没多少色素。

没有光，就意味着不会被看，所以它们不需要保护色，也不需要用颜色表现自己。在这样的环境下，"生成色素"是没有意义的。

总而言之，自然界的色彩因"被看"而发达，于是就渐渐形成了备受神明青睐的"多彩多姿的世界"。

绝不是"徒有其表"

呃，刚才那段好像说得太夸张了，容我订正一下。因为人类能看见颜色，难免会下意识地认为"生物的颜色必然有视觉意义"。然而，地球上也有很多"不一定和视觉效果挂钩"的颜色。

最具代表性的就是植物的绿色了。这种颜色有舒缓身心的效果，乍一看，还以为植物是专门为了让大家开心才进化成绿色的呢。其实，植物的绿来自主导光合作用的叶绿素，所以它们也只能呈现出绿色。在远古时代，陆地上还没有进化出视觉比较发达的动物，可那时的植物已经是碧绿的了。

血液的红色来自输送氧气的血红蛋白。通过供氧维持生命，是血液发红的唯一原因。不过有些动物充分运用了这种颜色，给自己的外表加分。

鸡最具特征的地方当属血红的鸡冠。而鸡冠的红色就是在

皮肤下面流动的血液的颜色。素有"瑞鸟"美誉的丹顶鹤其实是头顶不长毛的秃子，血色透出来便成了"丹"顶。

仔细琢磨一下鸟羽的颜色，你就会发现"黑色"也有它的功能。乌鸦等鸟类的黑色羽毛是黑色素的产物。我们对这种色素并不陌生，因为人类的黑头发和黑皮肤也离不开它。

黑色素能在物理层面强化羽毛。羽毛的主要成分是一种叫"角蛋白"的蛋白质。人类的指甲、毛发也是这种材料。黑色素涂料可以强化角蛋白组成的结构，起到加固羽毛的作用。

鸟不穿衣服，说它们"光着身子"到处跑也没什么问题。不穿衣服乱跑的人是妥妥的变态，但鸟穿着野生的衣服，即羽毛，就算它们勉强过关吧。然而，这个世界充满了危险。为了藏身，鸟难免需要钻进草丛树丛，羽毛定会受到枝叶的鞭打，日渐损耗。更有灿烂的阳光从天而降，其中的紫外线虎视眈眈，等待着损伤 DNA 的机会。

黑色素就是保护身体的铠甲，能帮助动物抵御这些危险。与没有黑色素的白色羽毛相比，黑色的羽毛更不容易磨损，还能吸收紫外线，避免体内受到负面影响，同时防止体温上升。栖息在开阔地带的燕子、海鸥等鸟类基本都是黑背白腹，这也算是一种抵御紫外线的策略。最有说服力的证据莫过于翻遍图鉴也找不到肚子黑、背上白的鸟。

这些颜色时而起物理作用，时而起化学作用，有着不可撼

动的价值。它们的呈现不受他人的视线左右，堪称"绝对的色彩"，和天空的蓝、沙滩的白有着异曲同工之妙。大海永远都闪耀着蓝色的光芒，即便海里的生物死绝也不会改变。

自然界有两种颜色。一种是"进取的色彩"，在他人的视线中精打细磨。另一种则是"纯粹的色彩"，其存在不为他人的视线服务。两种颜色各有各的美，都不容轻视。

色彩为谁绽放

在这个充满色彩的世界里，还有一群让我看不顺眼的家伙，和苹果汁不相上下。

把年糕或者切片面包小心翼翼地安放在某个地方，等上一阵子……不知不觉中，白色的画布上便会出现绚丽多彩的涂鸦。那都是霉菌的手笔。世上再没有比这更美、也更让人不舒服的色彩了。

霉菌是肉眼看不见的东西，它们相互之间应该也不是靠视觉辨认的。即便如此，霉菌还是毫不吝啬地释放着鲜艳的颜色，红、蓝、绿、黄、粉……仿佛特摄片的五人战队。

霉菌靠孢子繁殖。虽说有些孢子靠昆虫传播，但靠风力的还是主流。而且，果实的颜色可以用来魅惑动物，霉菌的颜色却好像没有这方面的作用。再说了，它们大展拳脚的舞台在年

糕的背面，颜色再鲜艳，又有谁看得见呢。

太不像话了。这些颜色明明没什么用场，凭什么耀武扬威？天知道霉菌用生成颜色的成本换来了什么好处，真让人不爽。

如果所有霉菌的颜色都一样，我倒还能咽下这口气，告诉自己："霉菌的颜色跟蓝天一样纯粹，它们也有催人泪下的苦衷啊。"可争奇斗艳的色彩实在无法和蓝天的纯净联系起来。

我之所以讨厌霉菌，就是因为我理解不了它们的颜色。

把面包发霉的部分撕下来，丢到院子里好了。要不了多久，就会有蚂蚁把它搬走的。蚂蚁是很勤劳的，会把没用的有机物清理干净，所以我并不讨厌它们。

带霉斑的面包离开了餐桌，正要匆忙退出我的人生剧场。就在这时，我突然想通了——这就是霉菌的战略啊！

要是我没有注意到霉斑，吃了那片面包，它们的一生就戛然而止了。但鲜艳的色彩引起了我的注意，让我觉得"这面包看上去很不好吃"，打消了吃的念头。绝对没错，霉菌化身为评判食物新鲜度的指标，拉低了宿主作为食物的价值，从而规避了"被吃掉"的风险，肆意繁殖。它们的颜色是为了"被讨厌"而存在的。

既然想通了，我就不会再被区区霉菌的战略玩弄于鼓掌之中。从今往后，就算面包长了霉，我也要坚决把它烤了吃掉，给霉菌一点颜色看看。吃到肚子疼我也无怨无悔。人世间最可

怕的莫过于"理解不了的东西",但霉菌的色彩之谜已经被我破解了,没什么好怕的。

苹果汁成了仅存的烦恼。就没人开发一款鲜红的苹果汁推向全国市场吗?从生态学的角度看,这样的产品绝对能大卖。

4 蓝色的恐龙

恐龙是鸟的祖先

完美的动物

我非常尊敬水母。

水母是有化石的。咱们先不讨论这种化石是怎么留下来的，水母明明是一包水，能留下化石已经很不容易了。据说最古老的水母化石有五亿年的历史。

最关键的是，在我们人类诞生好几亿年之前，水母就已经是水母了——远古时代的水母长得跟现在一样。如果世间真有亘古不变的东西，那一定是水母的形态。

看到这里，也许有人会说："同样的形态保持了好几亿年，一点长进都没有！"在这数百万年时间里，我们的祖先实现了戏剧性的进化。生活方式和体形也随着环境发生了极大的改变。

然而，"没有变化"其实是一件非常了不起的事情。照理

说，水母周围的环境肯定也发生了剧变。三叶虫灭绝、蛇颈龙
猖狂、龙宫城①的建设热潮全面掀起……海洋经过了一段跌宕起
伏的历史。无法适应变化的生物灭绝了，另一些生物则通过外
形的进化克服了难关。

唯有水母坚定不移，维持着原有的形态。这意味着在最初
始的阶段，它们的形态就已经很完美了。鲨鱼和乌龟也在中生
代进化出了与现存物种相似的形态。在不断变迁的世界，"变
化"仿佛成了生存的不二法则，但是对那些已经实现完美形态
的生物而言，以不变应万变才是真。

看到水母在汪洋大海中慵懒地漂荡，人们难免会冒出轻蔑
的念头。然而，在那无欲无求的表情中却是"不进化"的意义
与决心。

族谱

和摆在餐桌角落的水母谈过心后，我把视线转向一旁泰然
自若的鸡肉。它们毫不在意水母的执着，不断进化。鸟类的诞
生可以追溯到一亿五千万年前。

凡事都有开头。俗话说"龙生龙凤生凤"，但龙凤的爹妈不

---

① 日本各地流传的海神传说中的海神宫殿。

一定是龙凤，鸟的爹妈也不一定是鸟。查到"全球第一只鸟"怕是很难，但可以确定的是生下它的肯定不是鸟——天字第一号鸟宝宝是在恐龙的温情注视下破壳而出的。

恐龙应该不需要我多做介绍吧？就是特摄片《恐龙特急克塞号》里的恐龙。

恐龙是个统称，可以细分成很多种类。脑子小但力气大的迷惑龙、走性感路线的鸭嘴龙、时尚代言人三角龙……其中最有人气的当然是霸王龙了。

鸟类就是从霸王龙所属的"兽脚亚目"进化而来的。

曾几何时，人们以为鸟类的祖先是以蜥蜴为代表的"四肢爬行的爬虫类"。但古生物学的研究结果显示，鸟类与恐龙有许多共同点。介于两者之间的化石也被发掘出不少。有羽恐龙的发现更是在近年的古生物学界引起了极大的轰动。"鸟类的祖先是恐龙"已经愈发不容置疑了。

羽毛、翅膀、用双脚步行、气囊……这些都是鸟类独有的特征，看上去都是为了"飞翔"进化而成的。

羽毛组成的翅膀是鸟类的飞翔器官。鸟类用双脚步行，前肢不必支撑体重，进而进化成了翅膀，专门用来飞翔。气囊是位于体内的"空气袋"，为高效的呼吸服务。这些都是有利于飞翔的机制。

可鸟的祖先兽脚类生物本来就是用双脚行走的，气囊和羽

毛也已被证明演化于恐龙时代。气囊有利于排出囤积在巨大身体内的热量，羽毛大概是用来维持体温。有的恐龙甚至长着只能当摆设用的翅膀。

鸟类拥有的各种特征看似是为飞翔专门进化出来的，殊不知不会飞的恐龙已经有了这些装备。鸟类改变了已有器官的用途，让它们为"飞翔"这个全新的目的服务，这才成就了飞天的伟业。

人们发现了介于恐龙与鸟类之间的化石，渐渐搞清了鸟类的进化过程。当然，无论鸟类的祖先是谁，现代鸟类的形态都不会变。但了解鸟类的血统，绝对有助于我们深入剖析它们的进化。

鸟类的祖先是查清楚了，可新的问题又来了。既然"恐龙的一部分进化成了鸟"，那就意味着"鸟类是恐龙的一个分支"。一旦承认后半句话，我们就没法再说"恐龙已经灭绝了"啊。

"灭绝了的巨型生物"这句广告语抓住恐龙的魅力，充满了浪漫情怀。很多恐龙专家就是被它迷住，这才走上了学术之路。谁知他们的不懈钻研反而夺走了恐龙的浪漫，简直太讽刺了。

于是乎，人们发明了一个新词，专门指代旧形态的恐龙——"非鸟类恐龙"。许多书籍里甚至出现了这样的注释："在本书中，'恐龙'一律指代非鸟类恐龙。"

对吧，对吧！我们可不想把"恐龙"这两个字用在鸟类身

上。在本书中，"恐龙"当然也一律指代非鸟类恐龙。

于是我们绕了一圈，又回到了起点。但"老老实实绕一圈"这件事本身是有意义的。即便起点和终点在同一处，不绕着跑道转一圈就没法冲过终点线呀。

神秘生命

言归正传。距今约六千六百万年前，恐龙突然灭绝了。但灭绝的原因始终成谜，古往今来，人们提出了各种各样的假设。

传染病蔓延、超新星爆炸、植物的毒性、外星人的阴谋、火山群的活动……决定性的证据总也找不到，毕竟那是很久很久以前的事情，连老奶奶的记忆都模糊了。

眼下最有说服力的假设是"巨型陨石坠地导致的冲击和环境变化"。一颗直径可达十公里的小行星砸了下来。哭喊的母子、高呼着"这里交给我！"的苦苦支撑的青年、在空中闪耀的死兆星……死亡 FLAG[①] 插到手软。陨石坠地引发了大海啸和大范围的火灾，扬起的无数粉尘挡住了阳光。植物接连枯死，《启示录》中使徒约翰在拔摩海岛上看到的异象就此成真。这颗陨石在墨西哥的尤卡坦半岛留下了一个直径达二百公里的陨石坑。

----

① 指动画漫画或游戏作品中预示着某角色即将死亡的标志或征兆，前面提到的都是经典的死亡 FLAG。

鸟类却奇迹般地熬过了这场惊天浩劫，也不知道它们顶着怎样的好莱坞主角光环。把隐藏在背后的故事改编成电影，绝对是感动全美的恢宏大作。

总而言之，虽然时而有人提出异议，"陨石撞击说"已经得到了广泛的认可。胳膊拧不过大腿是我的一贯宗旨，所以我也拜倒在这种假设的脚下。

恐龙的头号谜团就这样尘埃落定。

"七大不可思议"的风头过去了，"新七大不可思议"当然要跟上。身为老牌神秘学杂志《月刊MU》的崇拜者，我觉得自己有义务提一个新的"头号谜团"出来。既然鸟是"鸟类恐龙"，那我好歹也是个"恐龙学家"嘛。

请允许我向大家隆重推出"恐龙不谙水性之谜"。

脊椎动物的进化始于水中。两栖类从鱼类进化而来，适应了陆地上的生活，后来才进化出了爬虫类、哺乳类、恐龙和鸟类。虽然告别了大海，走上了陆地，但这些生物还是动不动就往水里钻。

说起会游泳的鸟，最出名的当然是企鹅了。还有鸭、扁嘴海雀、小鸊鷉等等，种类繁多。

会游泳的哺乳动物除了鲸鱼和海豚，还有海狮、海獭、加海狗等。在点缀海滩的"美女"里，也有能不背氧气瓶潜水九十米左右的强悍角色。

进军水下的爬虫类生物有着更豪华的阵容。乌龟就不用说了，海蛇、鳄鱼和海鬣蜥也很有代表性。而且研究结果显示，要是追溯到恐龙还活着的中生代，海里简直成了鱼龙、长颈龙、沧龙等凶暴掠食者的天下。这些海洋爬行动物体形巨大，有着与恐龙截然不同的血统。

然而，人们至今没能在恐龙里发现有潜水能力的品种。照理说，那个年代的陆地上住满了各种各样的恐龙，上至大型"统治阶级"，下至小型"平民阶级"，要多拥挤有多拥挤。它们为什么没有跳进资源丰富的大海呢？

恐龙从诞生到灭绝大约经过了一亿七千万年，这个数字远超鸟类在地球上存在的时间。它们本该有足够的时间适应大海才对。

棘龙被认为是体形最大的肉食恐龙。最近的研究结果显示，它们能在水中游泳，足部形态刚好是适合划水的形状。话虽如此，棘龙终究还是典型的陆栖恐龙，不像企鹅和鲸鱼那样高度契合水中生活。

当时，海洋是由鱼龙、长颈龙、沧龙等凶暴的爬行动物统治的，所以陆栖恐龙才没能下水——这样的解释屡见不鲜。我这人听话懂事，老实巴交，听多了还觉得挺有道理的。不对，慢着，我是不会上当的！

鸟可不是最近才适应大海的。早在凶暴的爬行动物还在海

里横冲直撞的中生代，会潜水的鸟就已经存在了。人们在恐龙时代的化石里找到了很多黄昏鸟的样本，它们就会潜水。

换句话说，"为什么恐龙原本没能进军海洋，可进化成鸟类之后就立刻下海了"才是最大的谜团。一边是称霸中生代的恐龙，另一边是由恐龙进化而成的鸟。两者到底有什么区别呢？

恐龙过着扎根于陆地的二维平面生活，鸟类却开启了脚不沾地的三维立体生活。水里的活动也是三维的，所以水里的生物必须进化出一颗足以把握立体空间的大脑。也许恐龙就是因为经过了"鸟类"这个阶段才得到了三维大脑，然后也适应了水中的生活。

海里有无数掠食者出没。恐龙在陆地上的名气再响，遭遇掠食者时也无法派上用场。鸟就不一样了，情况不妙可以立刻飞走。将鸟类引向大海的，应该就是三维大脑与飞翔能力了。

然而，这套逻辑只能解释"鸟类为什么下海"，却没有解释"恐龙为什么没下海"。

当恐龙在岸上袖手旁观的时候，前面提到过的爬行动物沧龙适应了水下的环境，成了海洋的掠食者。它们用亲身经历证明了"有志者事竟成"这句话。古代的黄昏鸟也是，它们会潜水，却失去了飞翔能力，变成了不会飞的鸟。好不容易到手的优势，竟然说丢就丢。你们就不用逃跑吗？迷雾越来越深了。

研究生态学的时间久了，情不自禁地就想给人世间的一切

配上合理的解释，而且会愈发觉得自己好像有这个能力。可有的时候，真的是再怎么琢磨都想不出合适的假设，而这种焦躁感又会反过来激发科学家的钻研精神。水母和鸟的进化史刚好是两个极端，我一边在餐桌上与它们对话，一边暗暗发誓，总有一天要讲出能解开这个谜团的故事。

我吃饱了，多谢款待。

尾声 听天由命

似曾相识的岛

蔚蓝的大海与天空在水平线相会，世界变成了一个深蓝色的圆球。船在这颗巨大的蓝色玻璃珠的正中央前行，破出白色的浪花。船是白的，云也是白的。此时此刻，蓝色与白色成了这个世界的唯一，将视野填满。

我搭乘的这艘船正行驶在小笠原诸岛附近的海面上。西之岛是此行的目的地。

二〇一三年，意料之外的火山喷发席卷西之岛。岩浆吞噬了小岛，如腐海一般侵蚀，在深蓝色的世界上筑起漆黑的大地。刚喷发那阵子，政府发布了登陆禁令，到了二〇一六年八月，等火山喷发逐渐稳定后，有关部门才缩小了警戒范围，扫清了上岛的障碍。

事不宜迟，以东京大学地震研究所为中心的登陆调查队宣告成立。我有幸成为调查队的一员，负责调查岛上的生物。身为科学家，能去喷发后从未有人涉足过的岛屿调查，死也瞑目了。

现在的西之岛由旧岛和新陆地两部分组成。旧岛上还留着喷发前就居住于此的生物，新陆地则由这次喷发的熔岩形成。小小的海岛，成了两场大戏上演的舞台。

大戏之一是"岛屿内部的生物扩散"。残留在旧岛的生物会逐渐进军新的陆地。鸟类定会参与到这个过程中。

满是熔岩的大地没有供植物生长的土壤。然而这样的不毛之地应该也会有海鸟来筑巢。漂到岸边的木片、旧岛的植物……能用来筑巢的材料都会被它们搬到新岛来。渐渐地，堆积在巢里的有机物被分解了，鸟粪则为土壤注入了营养。附着在海鸟体表的种子把鸟巢当苗床用，生根发芽。而且鸟巢内部的温度与湿度比较稳定，非常适合昆虫居住。鸟类将起到扩散生态系统的作用。

大戏之二是"岛外生物的到来"。种子乘着海流与风来到岛上。还有昆虫和鸟类飞来。

岛上的生物相是如何形成的？这是一个极富魅力的岛屿生物学研究课题。

一般情况下，我们只能根据岛上已有的生物相倒推它的发展历程。可是外来生物到来的顺序是什么？定居后灭绝的生物

是否存在？……无从得知的事情实在太多。要是鬼岛①上的痕迹都在恶鬼灭绝前被仔仔细细地清理掉了，一桩桩惨烈的往事就会被永远埋葬在黑暗中。但西之岛是个奇迹，因为我们能亲眼观察到生物相"从零开始"的形成过程。

为了弄清两场大戏的运行机制，留下初始记录最是要紧。我们必须详细记录生物相的初始状态，为监控今后的变化打下基础，这就是本次调查的首要目的。

大海是如此广阔

话说回来，这里真是"小笠原诸岛的海面"吗？所谓岛屿，就是被海洋包围的陆地。如果"诸岛"是岛屿的集合体，那么"海面"就不能算诸岛了。

小笠原村的总面积约为一百零四平方公里。这当然是陆地的面积，并不包括大海的面积。那海面多半就不是小笠原村了。说起来，这里到底是不是东京啊？东京的面积约有两千一百八十八平方公里，但这个数字也不包括大海。那这片海大概也不是东京都了。

我到底在哪个都道府县的哪个市町村呢？本以为自己在

---

① 日本传说中的恶鬼聚居地。

"东京都小笠原村"，但细细琢磨起来又觉得不太对。明明身在日本，却挣脱了都道府县的桎梏，倍感自由。多么奢侈的心境啊。

我之所以能充分享受这份奢侈，也是因为船上的生活分外舒适。本次调查队搭乘的是海洋研究开发机构的"新青号"。

平时我们去海岛调查基本都坐渔船，而且是那种只够船长和船员两个人出海打渔的小型渔船。渔船毕竟是专为金贵的鱼设计的，没有考虑到人，生活空间当然要压缩到极限了。船舱只有两张榻榻米那么大，一坐起来头就会撞到天花板。一群糙汉子跟饺子似的挤在这种地方，简直惨不忍睹。渔船小，比较灵活，特别适合冒险型调查，只是差了点舒适度。

这次搭乘的"新青号"重达一千六百余吨，能容纳三十名船员和十五名学者，是正经的海洋科考船。研究机构有时会开展一些大规模的调查，比如把用于观测地震的大型设备装在海底什么的，必须配备这个级别的船。

船上设有研究室，可以放置大量的调查器材。从网络到洗衣机、烘干机一应俱全，食堂的餐食更是豪奢，蜜瓜、刺身、排骨轮番上阵。工作电话也不会打到船上来。于是从横须贺的港口到海岛的这一路，你能做的只有吃饭、睡觉、养膘这三件事。

我上学的时候可没享受过这么奢侈的调查之旅。话说回来，

第一次去小笠原诸岛做研究已经是二十年前的事了。我在摇摇晃晃的船舱里出了神，这么多年的研究生活如走马灯一般在脑海中闪过……

"我乔鲁诺·乔巴拿① 有一个梦想！"

意大利青年怀着坚定的决心，朝着成为"流氓巨星"的梦想不懈努力。也有人想当海贼王，也有人跑去参加天下第一武道会②……有梦想的年轻人总是分外忙碌。

拥有远大的目标，对生活充满激情，这样的人最潇洒了。然而在现实生活中，心怀梦想的主角级人才寥寥无几。投向主人公的视线写满了憧憬，却没有共鸣的属性。大多数市井百姓没有什么了不起的梦想，一边妥协，一边在现实的范围内享受生活。正因为如此，爱做梦的年轻人才当得了主人公啊。

遥想当年，我也没有多大的野心，成天想些不知廉耻的事情，度过了缺乏主观能动性、样样通样样松的半辈子。

"研究鸟类"是一种非常特殊的职业。常有人觉得，从事这种工作的人肯定都从小就喜欢鸟。在我们这行，这种人的确不

①《JOJO 的奇妙冒险》第五部《黄金之风》的男主角，意大利人。标题是他的名言，后半句是"那就是成为流氓巨星"。
②《七龙珠》中的武斗比赛。

在少数，但也有一些例外。

我的童年基本和鸟不沾边。分不清公园里的鸽子是野化的家鸽还是山斑鸠，甚至不知道"鸽子"可以细分成好几种。

后来，我跟大多数人一样自甘堕落，成了墙头草型大学生，参加了一个探寻野生动物的社团。"热爱大自然"这种轻浮的理由并不是报名的动机。上小学的时候，电影《风之谷》让我大受感动，于是我便对自然产生了一点点庸俗的向往。其实我们这代人有很多都是这么走上科研道路的，只是大家都不会明说罢了。

我接过学长手中的望远镜，目不转睛地盯着鸟看。这辈子从没仔细看过鸟的我就这样被动地走上了鸟类学之路。

出去走走一定会撞到棍子

一眨眼的工夫，我升上了大三，得选研究方向了。到底该研究什么呢？正焦虑不安的时候，命运之箭射中了我刚开始关注的鸟类。

然后，我来到了日后的恩师——樋口广芳老师的研究室。

"我想研究鸟类，请您不吝赐教！"

"哦，那你就去小笠原做研究吧。"

我从没听说过这个地名，也不知道它在哪儿。但是对胸无

大志的我来说，老师的指引就是宇宙的真理。

"遵命！"

我就这样踏上了小笠原的土地，开启了研究工作，仿佛这一切都是我自己拿的主意。没过多久，我就结识了森林综合研究所的工作人员，他们也在小笠原做研究。

"你要不就来我们森林综研搞小笠原的研究吧？"

当时我还在研究生院念书，"就业"对我来说是如此遥远，跟《2001太空漫游》差不多，我从没仔细琢磨过这个问题。

"乐意之至！"

听到突如其来的问题，不管三七二十一，先答应下来再说。瞧瞧，这才是根正苗红的日本男子汉，就是不会说"NO"。

我匆匆忙忙参加了公务员考试，博士课程还没修完就进了现在的工作单位。为社会、为他人、为单位、为自己，我埋头于鸟类学研究的日子，直到今天。

"哎，你去调查一下蜗牛吧。"

"哎，你去申请个预算吧。"

"哎，你去写本关于恐龙的书吧。"

"哎，你去写篇关于《怪物猎人》的稿子吧。"

做自己不太习惯的工作的确很费力，但"拒绝"需要耗费的能量更多。软弱的我没有这样的胆魄。嗨，反正我也不是为了探究某个特定的主题才开始做研究的。我下定决心，要把三

寸不烂之舌用到极致，做一个八面玲珑的被动达人。

每接一项新工作，就能得到相应的经验值。经验值上去了，自会有别的委托找上门来。在这个积极至上主义的社会，勾勒不出"未来蓝图"的小学生难免会抬不起头，但我们完全没必要因为这份被动而内疚。以被动处世，巧妙地过好自己的日子，不也是一种活法吗？

学者也能分成好几种类型，有瞅准一个主题埋头钻研的"土星人型"，有劲头十足地研究最前沿主题的"金星人型"，有这里挖挖那里翻翻的"火星人型"……

我是典型的火星人，在充分调动被动性的同时反复钻研，开开心心地享受研究生活。这次的西之岛调查也是，正当我听说小岛解禁，满脑子都是"好想去好想去"，憋得扭来扭去的时候，便接到了邀请——二楼掉下来的馅饼刚刚好砸进了我张开的嘴里。

不过在正式投身于鸟类学的世界之前，我还是做了一番思想斗争的。毕竟离退休还有三十多年，我真能一直把研究做下去，而不至于深陷创意枯竭的窘境吗？不过这个问题很快就得到了解决——把责任推卸给别人就好。

拍板让我来这儿工作的人是我吗？当然不是，是综研的人事领导。是他根据招聘考试的结果选择了我，所以我再不中用，那也是用人单位的责任。如果我没做好委托的工作，那就是委

托人选错了人呀。这么看来，被动性也有维持精神卫生的作用。

虽然走上这条路的契机是被动的，但如今的我已经把这份工作当成了自己的天职，过上了为科研献身的日子。因为鸟类是一种非常有趣的研究对象。

鸟类和人类有许多共同点。用双脚步行、昼行性、靠视觉和声音沟通、主要采用一夫一妻制……在自然界，同时满足这些条件的动物就只有鸟类和人类了。和其他哺乳动物相比，鸟与人的共通之处要多得多，我总觉得我们好像是可以心灵相通的。

奈何我们身份有别——毕竟鸟是可以飞上天空的。它们时而在海拔超过八公里的地方翱翔，时而深入太平洋的中央。鸟类的三维移动能力不仅远远甩开了人类，更让天下的其他动物望尘莫及。人类只能进行二维的平面移动。要让这样的人类理解生活在"异维空间"的鸟类着实不易。

本以为可以走得更近，却发现对方竟藏着陌生的一面——这简直是传说中一见钟情的剧情啊，怎么可能提不起兴趣呢！

虽然我走进鸟类学世界的时候是很被动的，没有什么明确的目的，但今时不同往日，现在的我有了明确的目标，那就是：不拘泥于特定的研究主题，细水长流、快快活活地做鸟类学研究。鸟类还有很多未解之谜。我要揭开它们的神秘面纱，为大家提供茶余饭后的谈资，为科学提供新的见解。

在离开横须贺的第四天，科考船终于穿越了滚滚黑潮，抵

达了西之岛附近的海面。就在这时，船上出现了一只小鸟——那是一种候鸟，名叫燕雀。在船上稍事休息之后，它朝西之岛所在的方向飞走了，消失在浩瀚的海面上。虽然嘴里没有衔橄榄枝，但它仍是上天派来的使者，捎来了长达四十个昼夜的天灾终于平息的消息[1]。

我们换上潜水服，扛起防水包，游过惊涛骇浪，终于踏上了西之岛的土地。岛上的鸟熬过了前所未有的大灾难，那它们现在到底过着怎样的生活呢？

一下船，新的研究工作便拉开了帷幕。

这也许是人类的一小步，但却是我个人的一大步。

---

[1] 诺亚方舟的故事中，诺亚放鸽子去探路，鸽子衔着植物回来，说明大水已退。

图书在版编目 (CIP) 数据

鸟有什么好看的 ／（日）川上和人著；曹逸冰译
. —— 海口：南海出版公司，2022.6
ISBN 978-7-5735-0092-2

Ⅰ. ①鸟… Ⅱ. ①川… ②曹… Ⅲ. ①鸟类－普及读
物 Ⅳ. ① Q959.7-49

中国版本图书馆 CIP 数据核字 (2022) 第 007296 号

著作权合同登记号 图字：30-2021-122

CHOURUIGAKUSHADAKARATTE, TORI GA SUKIDA TO OMOUNAYO.
By KAZUTO KAWAKAMI
©2017 KAZUTO KAWAKAMI
Original Japanese edition published by SHINCHOSHA Publishing Co., Ltd.
Chinese (in simplified character only) translation rights arranged with SHINCHOSHA
Publishing Co., Ltd. through Bardon-Chinese Media Agency, Taipei.

鸟有什么好看的
〔日〕川上和人 著
曹逸冰 译

出　　版　南海出版公司　(0898)66568511
　　　　　海口市海秀中路51号星华大厦五楼　邮编 570206
发　　行　新经典发行有限公司
　　　　　电话 (010)68423599　邮箱 editor@readinglife.com
经　　销　新华书店

责任编辑　黄宁群
特邀编辑　李嘉钰　张梦君
装帧设计　李照祥
内文制作　张　典

印　　刷　河北鹏润印刷有限公司
开　　本　850毫米×1168毫米　1/32
印　　张　7.5
字　　数　106千
版　　次　2022年6月第1版
印　　次　2022年6月第1次印刷
书　　号　ISBN 978-7-5735-0092-2
定　　价　49.00元